Wolfgang Gottwald

Statistik für Anwender

WILEY-VCH

Die Praxis der instrumentellen Analytik

herausgegeben von U. Gruber und W. Klein

Gottwald
RP-HPLC für Anwender

Gottwald
GC für Anwender

Gottwald
Statistik für Anwender

Gottwald/Heinrich
UV/VIS-Spektroskopie für Anwender

Gottwald/Wachter
IR-Spektroskopie für Anwender

Herzog/Messerschmidt
NMR-Spektroskopie für Anwender

Kromidas
Validierung in der Analytik

Statistik
für Anwender

Wolfgang Gottwald

 WILEY-VCH

Weinheim · Berlin · New York · Chichester
Brisbane · Singapore · Toronto

Wolfgang Gottwald
Hoechst AG
Abteilung für
Aus- und Weiterbildung
Postfach 80 03 20
D-65926 Frankfurt

Die Deutsche Bibliothek – CIP-Einheitsaufnahme
Ein Titeldatensatz für diese Publikation ist bei
Der Deutschen Bibliothek erhältlich

© WILEY-VCH Verlag GmbH, D-69469 Weinheim (Bundesrepublik Deutschland), 2000

Gedruckt auf säurefreiem und chlorfrei gebleichtem Papier

Umschlaggrafik: Grafik-Design Schulz, D-67136 Fußgönheim
Satz: K+V Fotosatz GmbH, D-64743 Beerfelden
Druck: strauss offsetdruck GmbH, D-69508 Mörlenbach
Bindung: Großbuchbinderei J. Schäffer, D-67269 Grünstadt
Printed in the Federal Republic of Germany

Vorwort

Für das Laborpersonal und dessen Qualifizierung ist die Entwicklung und die immer größere Anwendungsbreite neuer Meßtechniken in der Analytik eine Herausforderung. Während die Anwendung neuer Meßmethoden und ihre Anwendungstechniken durch die gute Ausbildung und die hohe Motivation der Mitarbeiter relativ schnell beherrscht werden, ist durchgängig mehr oder weniger große Unsicherheit und Unbehagen bei der Beurteilung von Meßwerten zu beobachten. Dazu kommt, daß bei den meisten Validierungsverfahren und Gerätequalifizierungen statistische Ansätze zur Anwendung kommen.

Das Schwergewicht in diesem analytisch orientierten Buch wird auf der beurteilenden Statistik liegen. Es wird typischen Fragestellungen nachgegangen, wie sie sich in qualitätsbewußten analytischen Laboratorien täglich stellen.

Der Autor hat die Erfahrung gemacht, daß viele Anwender tagtäglich mit statistischen Datenmaterialien und mit Rechenvorschriften umgehen, daß sie jedoch oft die Bedeutung der dabei gewonnenen Daten nicht vollständig erkennen bzw. nicht interpretieren können. Vieles wird mit Hilfe einer Rechenvorschrift (neuerdings mit Hilfe von Rechnerprogrammen) „gemacht", in das Journal eingetragen ... und das war's.

Es ist Anspruch dieses Buches, die in den analytischen Laboratorien üblichen statistischen Verfahren im Sinne einer Durchführung zu beschreiben, zu interpretieren und die dabei erhaltenen Kenngrößen zu erklären. Dabei stehen alle Parameter, die zu einer Validierung benötigt werden, im Vordergrund. Es mußten jedoch nach dem Grundsatz „nur gerade soviel Statistik, wie notwendig" viele unabdingbare Vereinfachungen gegenüber der „reinen", mathematischen Statistik getroffen werden. In diesem Sinne „strenge" Mathematiker mögen dies nachsehen. Jedoch sind alle im Buch genannten Verfahren üblich (Normen) und anerkannt. Im Zweifelsfall jedoch hatte die Wirtschaftlichkeit gegenüber der übertriebenen Genauigkeit Vorrang.

Neben einer eher allgemeinen Einführung in die notwendigen statistischen Grundlagen werden in den nachfolgenden Kapiteln laboratoriumsbezogene Entscheidungshilfen beschrieben, die in den meisten Laboratorien sinnvoll anzuwenden sind. Besonders die Kalibrierungsstrategien stehen dabei im Vordergrund des Buches.

Es liegt mir vornehmlich am Herzen, daß die Anwender aus diesem Buch erkennen können, daß die analytische Statistik Entscheidungs*hilfen* geben kann, die Entscheidung (und die Verantwortung) jedoch immer der Analytiker trägt. Der Autor, der sich vor langer Zeit als Nichtmathematiker in die statistischen Methoden der analytischen Chemie einarbeiten mußte, hat sich bemüht, ein für den Anwender lesbares und in der Praxis verwendbares Buch zu schreiben, welches direkt am Labortisch stehen sollte. Deshalb wurde versucht, alle abstrakten Begriffe aus der reinen, mathematischen Statistik in den analytischen Sprachgebrauch zu transportieren. Ein weiteres Ziel war es, für Auszubildende in den verschiedensten Laborberufen ebenso wie für Studenten und Diplomanden der Fachhochschulen und Universitäten einen fundierten Einstieg in die analytische Statistik anzubieten. Die didaktische Aufbereitung der im Buch beschriebenen statistischen Verfahren basieren auf Erfahrungen mit zahlreichen Anwendern, die diese während vieler Fortbildungsveranstaltungen der PROVADIS GmbH, Partner für Bildung und Beratung (vormals die Ausbildungsabteilung der HOECHST AG, Werk Höchst) und während Fortbildungskursen der NOVIA GmbH (Leiter Dr. Kromidas), mit Erfolg durcharbeiteten. Ich danke an dieser Stelle besonders den Kolleginnen und Kollegen sowie allen meinen Kursteilnehmern für ihre vielfachen Anregungen und ihre konstruktive Kritik.

Mein besonderer Dank gilt Frau Susanne Hecht, die in mühevoller Arbeit außerordentlich sorgfältig alle Rechenbeispiele durcharbeitete und mich häufig auf Verbesserungsmöglichkeiten im Text aufmerksam machte. Ein weiterer Dank gilt Herrn Ralf Sossenheimer, der sich die Mühe machte, das erstellte Manuskript kritisch durchzuarbeiten und mir viele wertvolle Hinweise und Ratschläge gab. Nicht zuletzt möchte ich mich bei meiner Frau bedanken, die das Manuskript akribisch auf Rechtschreib- und Grammatikfehler untersuchte.

Frankfurt-Höchst   *Wolfgang Gottwald*
November 1999

Inhaltsverzeichnis

Eingangstest

Falls Sie alle folgenden Fragen beantworten können, benötigen Sie das Buch, das Sie in den Händen halten, nicht.

Wenn Sie aber Anwender in einem analytischen Laboratorium sind und die speziellen statistischen Grundelemente und Verfahren, die Ihnen dort oder in der Fachliteratur begegnen, nicht oder nur unvollständig interpretieren können, sind Sie der richtige Adressat des Buches.

Mein Ziel ist es, daß Sie nach der Lektüre die nachfolgenden Zusammenhänge und Verfahren kennen und sie richtig interpretieren können.

Wenn Sie mit der Lektüre des Buches fertig sind, können Sie mit dem Test leicht überprüfen, ob ich mein Ziel erreicht habe.

Frage 1:
Wie unterscheiden sich Mittelwert, Median und Modalwert?
Was ist der richtige Wert für meine Datenreihe?

Frage 2:
Standardabweichung, Varianz und Variationskoeffizient: wie hängen sie zusammen und was sagen sie aus?

Frage 3:
Wie kann ich überprüfen, ob die Datenreihen zweier Meßserien als gleichwertig zu betrachten sind?

Frage 4:
Was ist ein Vertrauensbereich, was ist ein Konfidenzbereich?

Frage 5:
Welcher Ausreißertest (Dixon, Nalimov, Grubbs) ist der schärfste?

Frage 6:
Wie kann man Ausreißer in Kalibriergeraden erkennen?

Frage 7:
Warum ist der Korrelationskoeffizient nicht so gut für die Beurteilung der Linearität geeignet?

Frage 8:
Worin besteht der Unterschied zwischen Vergleichbarkeit und Wiederholbarkeit?

Frage 9:
Wie groß ist die durchschnittliche Chance, genau bei der Nachweisgrenze ein positives Ergebnis (positives Meßsignal) zu erhalten?

Frage 10:
Was ist der Unterschied zwischen einseitiger und zweiseitiger Fragestellung beim t-Test?

1 Einführung

Der Umgang mit Statistik ist jedem Bundesbürger in Fleisch und Blut übergegangen. Ob bei der Betrachtung und Interpretationen von Bundesligastatistiken, bei der Bekanntgabe der monatlichen Arbeitslosenrate oder des Preisindexes durch das Statistische Bundesamt, immer wird der interessierte Zeitgenosse auf Statistiken in Tabellen und Diagrammform stoßen. Der Begriff „Statistik" wird daher von vielen Bürgern mit den Begriffen „Tabelle" oder „Diagramm" gleichgesetzt. Andererseits ist der politisch interessierte Mitbürger immer wieder von der Tatsache erstaunt, daß Wahlforscher nach Wahlen in kürzester Zeit in der Lage sind, präzise Hochrechnungen auf der Grundlage von relativ wenigen Befragungen durchzuführen.

Analytisch arbeitende Mitarbeiter in Laboratorien beantworten mit Hilfe der angewandten Statistik die verschiedensten Fragestellungen, z. B.:

- Ist das Analysenverfahren Nr. 1 mit dem Verfahren Nr. 2, welches schneller und billiger ist, in der Richtigkeit und Präzision gleichwertig?
- Wieviele Stichproben sollten genommen werden, daß eine repräsentative Untersuchung sinnvoll ist?
- Auf wieviel Prozent wird durch ein bestimmtes Medikament die Überlebensrate bei einer bestimmten Krankheit von ursprünglich 40% erhöht?
- Wie hoch ist die Nachweisgrenze einer toxischen Substanz mit einer bestimmten analytischen Methode in einer komplizierten Matrix?

Wie man aus der Auflistung erkennen kann, kann die Statistik als wissenschaftliches Werkzeug im analytischen Laboratorium sehr vielfältig eingesetzt werden. Etwas vereinfacht versteht man unter „Statistik" ein Teilgebiet der angewandten Mathematik, das sich mit der Erfassung, Auswertung und Interpretation von Daten befaßt.

> *Die Statistik ist die Kunst, gewonnene Daten zu analysieren, darzustellen und zu interpretieren, damit der Anwender zu neuem Wissen gelangt.*

Die Gesamtheit der Statistik im analytischen Laboratorium läßt sich im allgemeinen auf wenige Fragestellungen reduzieren:

- Welcher Wert ist für eine Meßreihe repräsentativ?
- Wie groß streuen die Meßwerte um einen repräsentativen Wert?
- Wie gut kann die gewonnene Aussage verallgemeinert werden?
- Wie hoch ist der Zusammenhang zwischen verschiedenen Eigenschaften?

Grundsätzlich unterscheidet man bei der statistischen Verfahrensweise

- eine deskriptive (beschreibende) und
- eine beurteilende Statistik

Die *deskriptive Statistik* beschäftigt sich damit, empirisches Material zu sammeln, geeignet darzustellen und zu charakterisieren. Dieser Statistikbereich beschreibt Vorgänge und Zustände mit Hilfe von Tabellen, Diagrammen und Kenngrößen.

Die Aufgabe der *beurteilenden Statistik* besteht darin, durch Schätzen von Wahrscheinlichkeiten oder Testen von Hypothesen aus dem vorliegenden statistischen Material Rückschlüsse auf die Grundgesamtheit des Systems zu ziehen. Die beurteilende Statistik schließt anhand der vorliegenden Daten auf allgemeine Gesetzmäßigkeiten und Zusammenhänge.

Das Schwergewicht in diesem analytisch orientierten Buch wird auf der beurteilenden Statistik liegen. Es wird typischen Fragestellungen nachgegangen, wie sie sich in analytischen Laboratorien täglich stellen.

Der Anwender sollte nach dem Studium dieses Buches folgende Aufgaben und Bewertungen aus der Statistik für seine tägliche Arbeit bewältigen können:

- Wie wird der Mittelwert berechnet und wann ist er sinnvoll?
- Was sind normalverteilte Daten?
- Wie stellt man fest, ob die Daten normal verteilt sind?
- Gibt es eine Tendenz (Trend) in Datenreihen?
- Was ist eine *t*- und was ist eine *F*-Verteilung?
- Was ist der Vertrauensbereich des Mittelwertes?
- Was ist eine Null-Hypothese?
- Was sind Ausreißertests, was leisten sie?
- Wie werden Datenreihen miteinander verglichen und bewertet?
- Wie werden Kalibriergeraden angepaßt?
- Was versteht man unter einem Prognoseintervall?
- Wie stellt man fest, ob Ausreißer in einer Kalibrierreihe sind?
- Was versteht man unter der Nachweis-, Bestimmungs- und Erfassungsgrenze und wie ermittelt man sie?

- Was ist eine Standardaufstockung und was sagt sie aus?
- Wie werden Ringversuche ausgewendet und was sagen die Kenndaten aus?

Die Statistik bekommt in der Analytik kein „Einzelleben", sondern sollte nur als mathematisches Hilfsmittel und Instrument in der Qualitätssicherung angesehen werden. Ihre Bedeutung liegt darin, daß sie standardisierte und leistungsfähige Tests zur Beurteilung der Qualität in der Analytik zur Verfügung stellt. Es darf jedoch niemals vergessen werden, daß Qualität ein ganzheitlicher Begriff ist, der nicht durch die Statistik „gemacht" wird.

Im bekannten 4-Phasen-Modell in der Qualitätssicherung wird in allen vier Phasen auf statistische Methoden zurückgegriffen um Parameter und Größen zu berechnen, die das Vorhandensein von Qualität belegen. Die vier Phasen in der Qualitätssicherung sind [1]:

- die Methodenentwicklung
- der Einbau der Methode in die Routine
- eine interne Qualitätsüberwachung in der Routineanalytik
- die externe Qualitätssicherung (z.B. Ringversuche)

Alle nachfolgenden Kapitel und die darin beschriebenen Methoden stehen daher immer mit dem Begriff „Qualitätssicherung" in Beziehung. In diesem Zusammenhang darf auf das Buch „Validierung in der Analytik" hingewiesen werden, das in der gleichen Reihe des Verlags erscheint [2].

Zum Schluß des Kapitels noch einige Anmerkungen zur Berechnung der statistischen Daten in diesem Buch.

Gerade bei statistischen Daten, die häufig mit Hilfe von Potenzierungen und entsprechenden Wurzelbildungen berechnet werden, spielt es eine große Rolle, mit welcher Genauigkeit die Daten berechnet wurden. Bei der Berechnung und Verwendung von Zwischenergebnissen, die mehr oder weniger abgerundet wurden, treten je nach Rechenhilfe teilweise deutlich merkliche Differenzen auf. Dazu kommt noch die in der Analytik übliche Verwendung von sehr kleinen oder großen Zahlen. Die in diesem Buch ermittelten Rechenbeispiele wurden überwiegend mit Hilfe von MVA® (NOVIA GmbH, Saarbrücken), berechnet und sinnvoll auf- oder abgerundet. Bei der Verwendung eines Taschenrechners können etwas kleinere oder größere Werte auftreten, die allerdings das Gesamtergebnis niemals grundsätzlich verändern.

Bei der Darstellung der mathematischen Formeln wurde in diesem Buch darauf geachtet, daß für den Anwender keine Formelungetüme entstehen. Zum Beispiel wurde bei der Summenbildung auf die Angaben über und unter dem Summenzeichen verzichtet, da niemals eine Unklarheit über die genaue Verwendung der Formel bestand, jedoch die Lesbarkeit der Formeln deutlich verbessert wurde.

So wird aus dem Formelungetüm nach Gl. (1-1)

$$m = \frac{\sum\limits_{j=1}^{N} (x_j - \bar{x}) \cdot (y_j - \bar{y})}{\sum\limits_{j=1}^{N} (x_j - \bar{x})^2} \qquad (1\text{-}1)$$

die übersichtlichere Formel nach Gl. (1-2)

$$m = \frac{\sum (x_j - \bar{x}) \cdot (y_j - \bar{y})}{\sum (x_j - \bar{x})^2} \qquad (1\text{-}2)$$

da es klar ist, daß die Aufsummierung vom Wert $j = 1$ (dem ersten) bis zum Nten (letzten) Wert erfolgt. Ich bitte um Nachsicht bei strengen Mathematikern.

2 Daten

In der Analytik werden Ergebnisse erhalten, die statistisch interpretiert werden müssen. Das Analysenergebnis wird durch eine vorher durchgeführte Analyse erhalten. Dazu steht das Analysenmaterial („Objekt") zur Verfügung. Zuvor muß festgelegt werden, welcher Analyt („statistisches Merkmal") überhaupt qualitativ nachgewiesen oder quantitativ bestimmt („quantifiziert") werden soll. Man erhält die Analysenergebnisse („Merkmalsausprägungen"), die wir als die ursprünglichen Daten bezeichnen. Die Auswahl der geeigneten statistischen Methode ist von der Datenart abhängig, daher ist die Kenntnis der Datenart für jeden Anwender notwendig.

Grundsätzlich unterscheidet man „qualitative" und „quantitative" Daten.

2.1 Qualitative Daten

Qualitative Daten werden durch Zählen und Vergleichen erhalten. Soll z. B. die qualitative Anwesenheit eines Analyten in einer Bodenprobe nachgewiesen werden, gibt es zunächst nur die positive Ausprägung „vorhanden" oder die negative Aussage „nicht vorhanden". Auch ist z. B. die Bestimmung der Fellfarben von Meerschweinchen in einem Wurf rein qualitativ. Qualitative Daten werden unterschieden in „Nominaldaten" und „Bewertungsdaten".

Bei der ersten Datenart können die qualitativ erhaltenen Daten nicht einem Bewertungsmuster unterworfen werden. Die Fellfarbe „weiß" erfährt z. B. keine höhere Bewertung als die Fellfarbe „grau". Diese *Nominaldaten* werden sehr häufig zum Vergleichen von Merkmalen benutzt.

Bewertungsdaten werden in einer bestimmten Reihenfolge aufgeführt und bewertet. Die qualitative Datenart „Analyt in der Bodenprobe enthalten" erfährt eine höhere quantitative Bewertungsstufe als die Datenart „Analyt nicht erhalten", denn eine Quantifizierung könnte sich anschließen. Solche Bewertungsdaten werden auf einer „Ordinalskala" eingeordnet, die Reihenfolge stellt dabei eine Rangabstufung dar.

2.2   Quantitative Daten

Quantitative Daten können auf einer metrischen Skala angeordnet werden. Das „Wieviel" eines Analyten steht bei dieser Datenart im Vordergrund. Gültige Einheiten dieser Daten in der Analytik sind z. B. Massenanteil w (%), Volumenanteil φ (%) und Massenkonzentration β (z. B. in g/L).

Grundsätzlich muß man jedoch „diskrete" und „stetige" Daten unterscheiden. *Diskrete Daten* sind immer ganzzahlig, sie können nur auf einer diskontinuierlichen Skala zugeordnet werden. So ist z. B. die Anzahl der Mitarbeiter pro Laboratorium in einer bestimmten Abteilung eine typische diskrete Datenart. *Stetige Daten* können jeden beliebigen Wert zwischen zwei Grenzwerten einnehmen. Die Massenkonzentration von Kupfer im Trinkwasser in µg/L kann von „0" bis

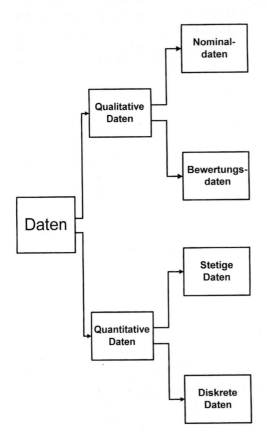

Abb. 2-1. Einteilung der Daten

zur Sättigung jeden beliebigen Wert einnehmen. Solche Werte werden durch Messungen erhalten und können in einer stetigen Skala dargestellt werden. In Abb. 2-1 ist die Einteilung der Daten als Übersicht abgebildet.

2.3 Statistische Begriffe

Bevor in den nächsten Kapiteln die für die Analytik relevanten statistischen Entscheidungshilfen untersucht werden, seien wichtige statistische Ausdrücke und Zusammenhänge aufgeführt [3].

Grundgesamtheit
Die Grundgesamtmenge aller Einheiten, die bei der statistischen Betrachtung untersucht werden soll, nennt man Grundgesamtheit. Soll z.B. eine statistische Wahlvoraussage getroffen werden, so wäre das ganze wahlberechtigte Volk die Grundgesamtheit. Die Grundgesamtheit kann im analytischen Regelfall aus Kosten- und Zeitgründen nicht gemessen werden.

Stichprobe
Kann die Grundgesamtheit wegen ökonomischer Zwänge (Zeit, Geld) nicht vollständig erfaßt werden, müssen Stichproben genommen werden. Die Stichprobennahme ist gemeinhin sehr problematisch, da die oft unbekannte Homogenität der Grundgesamtmenge von ausschlaggebender Bedeutung ist.

Kenngröße
Unter einer Kenngröße versteht man eine Eigenschaft der gezogenen Stichprobe, z.B. den Mittelwert einer Datenreihe. Mit Hilfe der Kenngrößen, die aus der Stichprobe gewonnen werden, schätzt man die interessierenden Größen der Grundgesamtheit ab. Diesen Vorgang nennt man „statistische Schätzung". Dieser Begriff ist nicht negativ besetzt.

Wahrer Wert
Der „wahre Wert" μ ist im allgemeinen unbekannt sowie nicht direkt und nicht absolut meßbar. Allerdings ist es Ziel jeder Analysenreihe, diesem wahren Wert so nahe wie möglich zu kommen. Der Mittelwert $\bar{x}$ einer Reihe ist ein Näherungswert des wahren Wertes μ und kann somit ein Maß für die Richtigkeit sein. Bei der Überprüfung der Richtigkeit werden manchmal „synthetische Testproben" hergestellt, hierbei wird der „wahre" Wert dem „Zielwert" gleichgesetzt. Dies gilt nur soweit, wie bei der Herstellung der Probe kein Fehler gemacht wurde.

3 Häufigkeitsverteilungen

Um die Bedeutung von Häufigkeiten, Häufigkeitsverteilungen und deren Kenndaten zu unterstreichen, soll am Anfang des Kapitels ein Beispiel aus der Analytik beschrieben werden.

Vier Laboratorien bekommen den Auftrag, die Wiederfindungsrate *WFR* (in %), siehe Kapitel 9, mit einer genau beschriebenen Analysenmethode an einer aufgestockten Standardprobe über einen längeren Zeitraum zu messen. Die Wiederfindungsrate *WFR* ist dabei ein Validierungselement zur Beurteilung der Richtigkeit. Bei einer Wiederfindungsrate von *WFR* = 100% enthält die Bestimmungsmethode zunächst keinen erkennbaren systematischen Fehler.

Jedes Laboratorium ermittelt in dem Testzeitraum 55mal die Wiederfindungsrate und zählt durch, wie oft in den Grenzen zwischen 95 und 105% die Wiederfindungsrate *WFR* laborintern jeweils gemessen wurde. In der Tabelle 3-1 sind die Werte angegeben. So wurden z.B. im Labor Nr. 1 fünfzehnmal, im Labor 2 viermal, im Labor Nr. 3 siebenmal und im Labor Nr. 2 zweimal die Wiederfindungsrate von 100% gemessen.

Tabelle 3-1. Wiederfindungsrate (*WFR* %) von vier Laboratorien

WFR in % (1)	Laboratorium 1 (2)	Laboratorium 2 (3)	Laboratorium 3 (4)	Laboratorium 4 (5)
95	2	14	2	10
96	2	9	3	7
97	3	7	4	3
98	5	5	13	3
99	9	4	9	2
100	15	4	7	2
101	8	3	6	1
102	4	3	5	3
103	3	3	3	6
104	2	2	2	8
105	2	1	1	10
Mittelwert	99,9	98,0	99,4	100,1

Die in der Tabelle 3-1 erfolgte Sortierung und anschließende Zählung stellt eine Häufigkeitsverteilung dar. Eine Häufigkeitsverteilung zeigt, wie oft jeder Wert in einer Menge von Merkmalen (Meßwerten) vorkommt.

Noch eindrucksvoller als die tabellarische Zusammenfassung ist die grafische Betrachtungsweise. Wird die Anzahl der Laboratorien (Spalte 2 bis 5) in Abhängigkeit von der Wiederfindungsrate (von 95 bis 105%, Spalte 1) grafisch aufgetragen, erhält man für die vier Laboratorien die in Abb. 3-1 dargestellten Grafiken (siehe S. 12).

Die vier Verteilungen sind typischen Grundmustern zuzuordnen [4]:

- Die Häufigkeitsverteilung, die im Laboratorium Nr. 1 ermittelt wurde, ist eine *eingipflige, fast symmetrische* Verteilung mit einem Maximum in der Mitte.
- Die Verteilung des Laboratoriums Nr. 2 ist eine *hochgradig schiefe, J-förmige* Verteilung.
- Die Verteilung des Laboratoriums Nr. 3 ist *eingipflig*, aber etwas *verschoben* und *schief.*
- Die Verteilung des Laboratoriums Nr. 4 ist *U-förmig*, also mit einem Maximum an jedem Ende.

Bei analytischen Messungen wird man Verteilungen erhalten, die mehr oder weniger einer der oben abgebildeten vier Häufigkeitsverteilungen entsprechen.

Die an der Untersuchung beteiligten vier Laboratorien haben ihre 55 Werte bereits auftragsgemäß in eine Tabelle mit einer „Klassenbreite" von 1% (in einem Intervall zwischen 95 bis 105%) eingeordnet.

Angenommen, das Labor 1 und das Labor 3 hätten statt einer Klassenbreite von 1% eine von 2% benutzt, dann ergäbe sich folgendes Bild nach Tabelle 3-2 und Abb. 3-2.

Beide Spalten werden „gleichmäßiger" (siehe Abb. 3-2).

Werden sogar drei Prozentwerte zu einer Klasse zusammengefaßt, ergibt sich ein noch gleichmäßigeres Bild (siehe Tabelle 3-3 und Abb. 3-3).

Wie man gut erkennen kann, ist die Wahl der Klassenbreite zum optischen Glätten von Lücken und Unregelmäßigkeiten von entscheidender Bedeutung. Wird die Klassenbreite jedoch zu groß gewählt, können alle Unregelmäßigkeiten, die es vielleicht zu entdecken gilt, so zugedeckt werden, daß der diagnostische Wert verloren geht.

Wie breit soll nun die Klasse sein? Nach DIN 55302 werden Empfehlungen gegeben, die in Tabelle 3-4 zusammengefaßt sind [5].

Viele Anwender ermitteln die Anzahl der Klassen pragmatischer nach Gl. (3-1) und (3-2) [6]:

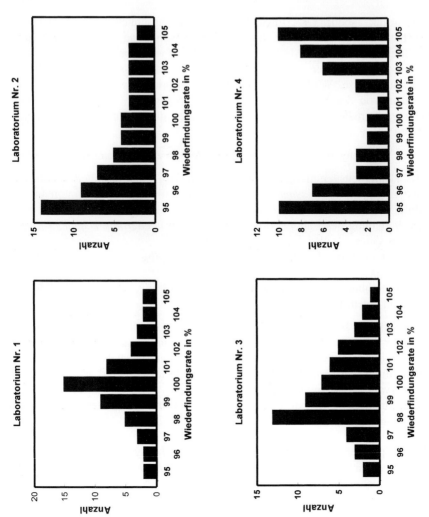

Abb. 3-1. Häufigkeitsverteilungen der vier Laboratorien

Tabelle 3-2. Klassenbreite von 2%

WFR in %	Laboratorium 1	Laboratorium 3
95–96	4	5
97–98	8	17
99–100	24	16
101–102	12	11
103–104	5	5
105–106	2	1
Mittelwert	99,9	99,4

Tabelle 3-3. Klassenbreite von 3%

WFR in %	Laboratorium 1	Laboratorium 3
95–97	7	9
98–100	29	29
101–103	15	14
104–107	4	3
Mittelwert	99,9	99,4

Tabelle 3-4. Anzahl der Klassen und Stichprobenumfang nach DIN 55302

Stichprobenumfang	Anzahl der Klassen
≤50	keine Klassen
≤100	10 Klassen
≤1000	13 Klassen
≤10000	16 Klassen

- Unter 1000 Stichproben:

$$k = \sqrt{N} \tag{3-1}$$

- Über 1000 Stichproben:

$$k = 10 \cdot \lg N \tag{3-2}$$

In Gl. (3-1) und (3-2) bedeutet:

k Klassenanzahl
N Stichprobenumfang
$\lg$ dekatischer Logarithmus

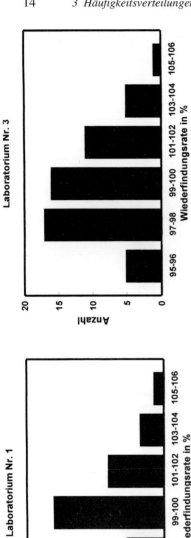

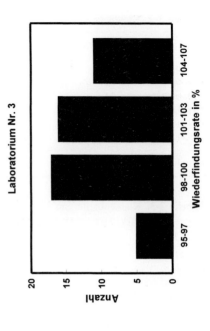

Abb. 3-2. Häufigkeitsverteilung bei einer Klassenbreite von 2%

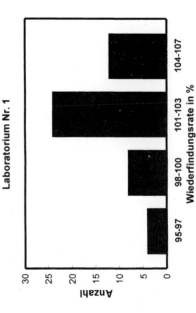

Abb. 3-3. Häufigkeitsverteilung bei einer Klassenbreite von 3%

In unserem Beispiel mit 55 Stichproben wäre eine Klassenanzahl von 6 bis 8 akzeptabel.

$$k = \sqrt{55} = 7{,}4$$

Die Festlegung der Klassenzahl ist jedoch pragmatisch vorzunehmen. Es sollten immer so viele Klassen gebildet werden, daß das typische Erscheinungsbild der Verteilung gut herausgearbeitet wird.

Nach der Festlegung der Klassenzahl müssen die Klassenbreiten bestimmt werden. Diese müssen so gelegt werden, daß jeder Meßwert einer Klasse eindeutig zugeordnet werden kann.

Es gelten allgemein bei der Erstellung von Klassen folgende Regeln [6]:

- Die Klassenanzahl soll ganzzahlig sein.
- Die Klassenbreite wählt man für alle Klassen gleich breit, sie wird auf die Zahlen mit der Endziffer 0 oder 5 gerundet.
- Die Klassengrenzen sollten möglichst einfache und glatte Zahlen sein.

Die Klassenbreite b berechnet sich nach Gl. (3-3)

$$b = \frac{x_{max} - x_{min}}{k} \tag{3-3}$$

In Gl. (3-3) bedeutet:

x_{max} größter Wert
x_{min} kleinster Wert
k Klassenzahl

Mit einer Klassenzahl von 6 in den Bereichen von 95 bis 106% wären die Bedingungen relativ gut erfüllt (Tabelle 3-5). Wird die Klassenbreite noch weiter reduziert, können wesentliche Teile der Information (Schiefe) wegfallen.

Bisher wurde in allen Tabellen und Grafiken nur die sogenannte absolute Häufigkeit untersucht. In der Statistik sind zur Untersuchung der Häufigkeit durchaus weitere Modelle üblich. Manchmal werden statt der *absoluten* die *relativen* Häufigkeiten (meist in %) aufgetragen. Darunter versteht man den Quotient aus der absoluten Häufigkeit und der Gesamtzahl der Stichprobe für jede Klasse. Werden die relativen Häufigkeiten aufsummiert, entsteht die jeweilige *Summenhäufigkeit* (in %), die am Ende der Liste den Wert 100% ergeben muß, abgesehen von kleineren Rundungsfehlern.

Beispielsweise soll für das Labor 1 die prozentuale Summenhäufigkeit dargestellt werden (Tabelle 3-5).

Tabelle 3-5. Summenhäufigkeit (55 Stichproben)

WFR in %	Laboratorium 1	Relative Häufigkeit (%)	Häufigkeitssumme (%)
95–96	4	7,3	7,3
97–98	8	14,6	21,7
99–100	24	43,7	65,4
101–102	12	21,8	87,2
103–104	5	9,1	96,3
105–106	2	3,7	100,0

Die relative Häufigkeit B berechnet sich nach Gl. (3-4)

$$B = \frac{n_j}{N} \cdot 100\% \tag{3-4}$$

Zum Beispiel ergibt sich für die erste Zeile:

$$B = \frac{4}{55} \cdot 100\% = 7{,}3\%$$

Die Häufigkeitssummen werden erhalten, indem die relativen Häufigkeiten in der Reihenfolge von oben nach unten aufsummiert werden.

Zur bildhaften Darstellung der gewonnenen Daten wird neben der Darstellungsweise in einem normalen „X-Y-Diagramm", die „Balkendiagrammdarstellung", die „Balkendiagrammdarstellung mit Häufigkeitspolygon" und die „Summenkurve" benutzt, die in den Abb. 3-4 bis 3-6 zu sehen sind.

3.1 Lokalisierungskenngrößen bei Häufigkeitsverteilungen

3.1.1 Mittelwert

Nach der grafischen Darstellung der gewonnenen Ergebnisse soll nun die Frage nach der für die Datenreihe „richtigen" Wiederfindungsrate WFR gestellt werden. Wir benötigen eine Größe, die alle Daten einer Datenreihe „zusammenfaßt" und als „Orientierungs"- und „Repräsentanzgröße" wirkt. Für diese Reprä-

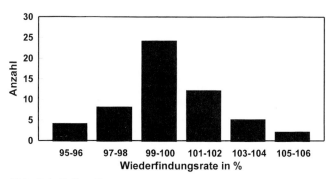

Abb. 3-4. Balkendiagramm

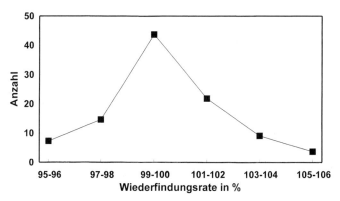

Abb. 3-5. Balkendiagramm mit Häufigkeitspolygon

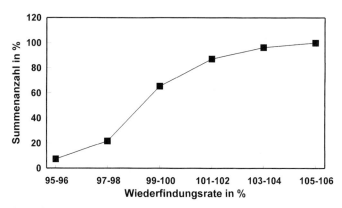

Abb. 3-6. Summenkurve

sentanzgröße wird in den Laboratorien üblicherweise der arithmetische Mittelwert verwendet. Der arithmetische Mittelwert $\bar{x}$ berechnet sich nach Gl. (3-5):

$$\bar{x} = \frac{\sum x_i}{N} \qquad (3\text{-}5)$$

Zur Berechnung nach Gl. (3-5) werden alle Einzelwerte (x_i) aufsummiert ($\sum$) und durch die Anzahl der Meßwerte (N) dividiert. Der Mittelwert wird gewöhnlich mit einer Stelle mehr angegeben, als der „ungenaueste" Wert Stellen besitzt (siehe dazu auch Kapitel 11, Signifikanz der Meßstellen).

Für die Berechnung der Werte in einer Häufigkeitstabelle werden die Klassen entsprechend der Häufigkeit gewichtet. Dazu multipliziert man die Klassenmitte mit der dazugehörigen Anzahl und erhält eine gewichtete Klassenmitte. Diese summiert man über alle Klassen ($\sum x_i$) auf und dividiert sie durch die Anzahl (N) aller Meßwerte (Tabelle 3-6).

$$\bar{x} = \frac{5496,5}{55} = 99,9\%$$

Tabelle 3-6. Mittelwert in Häufigkeitstabellen

WFR in %	Klassenmitte	Laboratorium 1 Häufigkeit	Gewichtete Klassenmitte
95–96	95,5	4	382,0
97–98	97,5	8	780,0
99–100	99,5	24	2388,0
101–102	101,5	12	1218,0
103–104	103,5	5	517,5
105–106	105,5	2	211,0
Summe		55	5496,5

Betrachtet man die Tabelle 3-6, dann stellt man fest, daß der arithmetische Mittelwert $\bar{x}$ von 99,9% tatsächlich ein guter Repräsentanzwert ist. In der Nähe des Mittelwertes $\bar{x}$ befinden sich die meisten Werte in der eingipfligen Funktion des Labors 1. Etwa die Hälfte der Daten befinden sich unter dem Mittelwert, die andere Hälfte befindet sich über dem Mittelwert (Abb. 3-7).

Betrachten wir die Daten der Laboratorien Nr. 2 und Nr. 4 (Tabelle 3-7). Wiederum erhalten wir Mittelwerte der WFR um 100%. Sind aber diese Mittelwerte als Repräsentanzwerte zu akzeptieren?

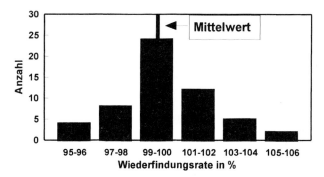

Abb. 3-7. Eingipflige Verteilung und Lage des Mittelwerts

Tabelle 3-7. Wiederfindungsraten in den Laboratorien 2 und 4

WFR in %	Laboratorium 2	Laboratorium 4
95	14	10
96	9	7
97	7	3
98	5	3
99	4	2
100	4	2
101	3	1
102	3	3
103	3	6
104	2	8
105	1	10
Mittelwert	98,0	100,1

In beiden Häufigkeitsverteilungen erkennt man aus der zugehörigen Abb. 3-8 leicht, daß es eigentlich keinen *typischen* Meßwert gibt, der die Meßreihe repräsentiert.

Der Mittelwert $\bar{x}$ kann daher in J- und U-förmigen Verteilungen *nicht* als Repräsentanzwert angesehen werden, die Daten können zu einem solchen kurzen und prägnanten Wert wie dem Mittelwert nicht verdichtet werden. Zur Interpretation von Daten aus Messungen muß also immer überprüft werden, ob der Mittelwert dazu überhaupt geeignet ist. In eingipfligen Häufigkeitsverteilungen ist

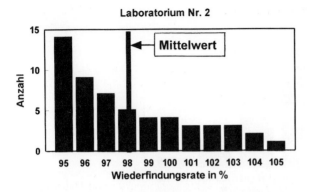

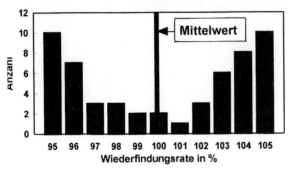

Abb. 3-8. J- und U-förmige Verteilung und deren Mittelwerte

dies der Fall. Aber bereits bei schiefen, eingipfligen Verteilungen ist eine gewisse Vorsicht angebracht. In J- und U-förmigen Verteilungen ist der arithmetische Mittelwert keine gute zusammenfassende Größe [4].

3.1.2 Median und Modalwert

Der Median (Zentralwert) und der Modalwert (Gipfelwert) sind zwei weitere Lagekenngrößen in Häufigkeitsverteilungen.

Der **Median** ist derjenige Wert, der die nach ihrer Größe geordnete Wertereihe in zwei gleich große Teile zerlegt. Manchmal wird er auch als „*Halbierungspunkt*" bezeichnet. Zunächst müssen alle Daten in aufsteigender Reihe sortiert werden. Anschließend wird den Werten eine Rangzahl zugewiesen (1. Zahl, 2. Zahl usw.).

Zur Bestimmung des Medians muß man nach der Sortierung alle Daten nach zwei Bedingungen unterscheiden:

- Die Stichprobenanzahl ist ungeradzahlig:
  Der Median $\tilde{x}$ ist der mittlere Wert in einer nach der Größe sortierten Datenreihe. Die Datenreihe wird durch den Median in zwei gleichgroße Mengen geteilt. Die Berechnung erfolgt nach Gl. (3-6)

$$Median = \frac{N+1}{2} \text{ tes Merkmal} \tag{3-6}$$

- Die Stichprobenanzahl ist geradzahlig:
  Bei der Berechnung des Medians $\tilde{x}$ für eine *gerade* Anzahl von Daten gibt es kein „mittleres Merkmal". Daher wird die Zahlenreihe in zwei Hälften geteilt. Aus dem letzten Wert der ersten Hälfte und dem ersten Wert der zweiten Hälfte wird der Mittelwert gebildet.

Zum Beispiel ist aus der Reihe 3, 4, 6, 7, 8, 11 der Median $\tilde{x} = 6,5$

Beispiel: Zur Bestimmung des Medians $\tilde{x}$ werden die Häufigkeitsdaten der Tabelle nach der Größe sortiert. In unserem Wiederfindungsratenbeispiel gilt für die einzelnen Laboratorien:

Werte des Laboratoriums Nr. 1 (sortiert):

95	95	96	96	97	97	97	98	98	98	98	98
99	99	99	99	99	99	99	99	99	100	100	100
100	100	100	**100**	100	100	100	100	100	100	100	100
101	101	101	101	101	101	101	101	102	102	102	102
103	103	103	104	104	105	105

Der Median ist $\tilde{x} = 100$, der mittlere Wert der geordneten Reihe. 27 Daten sind vor dem Median $\tilde{x}$ und 27 sind nach dem Median $\tilde{x}$ angeordnet.

Werte des Laboratoriums Nr. 2 (sortiert):

95	95	95	95	95	95	95	95	95	95	95	95
95	95	96	96	96	96	96	96	96	96	96	97
97	97	97	**97**	97	97	98	98	98	98	98	99
99	99	99	100	100	100	100	101	101	101	102	102
102	103	103	103	104	104	105

Der Median ist $\underline{97}$.

Werte des Laboratoriums Nr. 3 (geordnet):

95	95	96	96	96	97	97	97	97	98	98
98	98	98	98	98	98	98	98	98	98	99
99	99	99	99	99	**99**	99	99	100	100	100
100	100	100	100	101	101	101	101	101	101	102
102	102	102	102	103	103	103	104	104	104	105

Der Median ist $\tilde{x} = \underline{99}$.

Die Werte des Laboratoriums Nr. 4 (geordnet):

95	95	95	95	95	95	95	95	95	95	96
96	96	96	96	96	96	97	97	97	98	98
98	99	99	100	100	**101**	102	102	102	103	103
103	103	103	103	104	104	104	104	104	104	104
104	105	105	105	105	105	105	105	105	105	105

Der Median ist $\tilde{x} = \underline{101}$.

Der Hauptvorteil des Medians $\tilde{x}$ ist seine Unempfindlichkeit gegenüber Ausreißern.

Der **Modalwert**, auch Gipfelwert genannt, ist der *häufigste* Wert in einer Datenreihe. In mehrgipfligen Verteilungen gibt es mehrere „lokale" Modalwerte. Streng genommen, ist der Modalwert der Wert, der dem Maximum der idealen Verteilungskurve mit der besten Anpassung an die Verteilung entspricht. Bei klassierten Daten ist er als Klassenmitte der am stärksten besetzten Klasse definiert.

Treten bei Datenreihen zwei Werte mit besonderer Häufigkeit auf, so müssen zwei Modalwerte ermittelt werden. Eine solche Verteilung nennt man „bimodal". Mißt man z. B. die Körpergröße aller Anwesenden in einem Kindergarten, erhält man eine besondere Häufigkeit innerhalb der Körpergröße der Kinder und eine solche in der Körpergröße der Erzieherinnen.

Beispiel: Für das Labor Nr. 1 beträgt der Modalwert 100, für das Labor Nr. 2 ist er 95, für Labor Nr. 3 ist er 98 und für Labor Nr. 4 beträgt er 95 sowie 105 (bimodal). Stellt man alle drei Lokalisierungsgrößen für die Laboratorien Nr. 1 bis Nr. 4 zusammen, ergibt sich Tabelle 3-8.

Bei fast symmetrischen, eingipfligen Verteilungen sind Mittelwert $\bar{x}$, Median $\tilde{x}$ und Modalwert ungefähr gleich. Solche Verteilungen sind daher relativ leicht zu beschreiben.

Tabelle 3-8. Zusammenstellung der charakteristischen Daten verschiedener Häufigkeits- verteilungen

Wert	Laboratorium 1	Laboratorium 2	Laboratorium 3	Laboratorium 4
Verteilung:	eingipflig	J-förmig	eingipflig schief	U-förmig
Mittelwert $\bar{x}$	99,9	98,0	99,4	100,1
Median $\tilde{x}$	100	97	99	101
Modalwert	100	95	98	95 und 105

In analytischen Laboratorien fallen Daten bei Mehrfachbestimmungen mei- stens in Form solcher eingipfligen Verteilungen an und sind daher gut mit dem Mittelwert zu beschreiben. Median und Modalwert werden von Ausreißern nicht oder nur sehr wenig beeinflußt, da in einer nach der Größe geordneten Datenreihe diese eher an den Rändern (zu hoch, zu niedrig) und sicher nicht als häufigste Datenart zu finden sind. Der Mittelwert, der alle Zahlen rangmäßig gleichmäßig beinhaltet, wird dagegen von Ausreißern beeinflußt.

Die Daten aus den Laboratorien Nr. 2 und Nr. 4 zeigen, daß in diesen Mitar- beiter arbeiten, denen sorgfältiges und präzises Arbeiten fremd ist oder in denen mit unpassenden Methoden gearbeitet wird. In den analytischen Laboratorien Nr. 1 und Nr. 3 werden die Daten nach Häufigkeitsmerkmalen erhalten, die für präzises und richtiges Arbeiten normal sind.

3.2 Streuungen in Häufigkeitsverteilungen

Neben der Lage der Verteilung, beschrieben durch den Mittelwert $\bar{x}$, Median $\tilde{x}$ oder den Modalwert, ist die Streuung der Daten in einer Datenreihe für den Analytiker von größtem Interesse.

Angenommen, in zwei Laboratorien wird eine identische Probe durch eine Dreifachbestimmung analysiert. Beide Laboratorien geben für die Dreifachbe- stimmung folgende Daten an:

Laboratorium Nr. 1:   Nr. 1: 0,98%   Nr. 2: 0,99%   Nr. 3: 1,00%
Laboratorium Nr. 2:   Nr. 1: 0,92%   Nr. 2: 0,99%   Nr. 3: 1,06%

Die Mittelwerte der drei Daten aus beiden Laboratorien ergeben den gleichen Istwert, nämlich 0,99%. Die Präzision der Daten aus Laboratorium Nr. 2 läßt aber sehr zu wünschen übrig.

Die bisher behandelten Lagekenngrößen Mittelwert $\bar{x}$, Median $\tilde{x}$ und Modalwert werden daher häufig als Maß für die „Richtigkeit" verwendet, dagegen die in diesem Abschnitt berechneten Streuungskenngrößen als Maß für die „Präzision" der analytischen Arbeit.

Als einfachste Streuungskenngröße wird die Spannweite R (*Range*, Variationsbreite) verwendet. Die Spannweite R ist die Differenz zwischen dem größten und dem kleinsten Wert in der Datenreihe. Streng genommen sollte nicht die Differenz der beiden Extremwerte angegeben werden, sondern die beiden Extremwerte selber (z. B. $R = 34$ bis 56 mg). Im täglichen Gebrauch wird jedoch meistens nur die Differenz angegeben.

Die Spannweite R für die Daten des Laboratoriums Nr. 1 beträgt nach Gl. (3-7):

$$R = 1{,}00 - 0{,}98 = 0{,}02 \tag{3-7}$$

und die für das Laboratorium Nr. 2 entsprechend $R = 1{,}06 - 0{,}92 = 0{,}14$.

Besteht die Datenreihe nur aus zwei Werten, dann gibt R einen vollständigen Überblick über die Streuung in der Datenreihe. Enthält die Datenreihe jedoch sehr viele Elemente, wird die Aussage der Spannweite immer fragwürdiger. Die Ursache liegt in der Nichtbeachtung der inneren Elemente. Von der Spannweite als Streuungskenngröße werden nur Extremwerte erfaßt.

Um die Abhängigkeit der Spannweite von zwei Extremwerten zu vermeiden, wird manchmal der sogenannte *Quartilabstand* berechnet. Zunächst wird der untere Quartilwert berechnet. Dazu werden die Daten nach ihrer Größe geordnet. Es ist der Wert, unter dem 25 Prozent aller Meßwerte liegen. Danach wird der obere Quartilwert bestimmt. Es ist der Wert, unter dem 75% aller Werte liegen. Die Differenz beider Quartilwerte nennt man Quartilabstand. Er stellt die Länge eines Intervalls dar, das 25% der größten und 25% der kleinsten Werte ausschließt.

Eine weitere Streuungskenngröße, welches noch verwendet wird, ist der *Interdezilbereich* I_{80}. Zur Bestimmung des Interdezilbereiches werden alle Daten der Reihe nach der Größe geordnet. Die Datenreihe wird dann durch neun Werte in zehn gleich große Teile geteilt. Diese Werte bezeichnet man als „Dezile". Die Differenz des ersten und des neunten Dezils nennt man Interdezilbereich I_{80}.

Die häufigste Streuungskenngröße in Verteilungen ist jedoch die **Varianz** $var(x)$ bzw. (s_x^2) und die **Standardabweichung** s_x der Einzelwerte.

Zur Berechnung der Varianz *var* werden die Abweichungen jedes Wertes x_i einer Datenreihe vom Mittelwert $[(x_i - \bar{x})]$ quadriert $[(x_i - \bar{x})^2]$ und aufsummiert $[\sum (x_i - \bar{x})^2]$.

Jede „quadrierte Abweichung" ist ein Maß für die Abweichung des Meßwertes vom Mittelwert. Die Summe der Abweichungsquadrate wird nach Gl. (3-8) durch den Freiheitsgrad f dividiert.

$$var(x) = \frac{\sum (x_i - \bar{x})^2}{f} \qquad (3-8)$$

Der Freiheitsgrad f ist in Datenreihen die Anzahl N der Daten, vermindert um 1.

$$f = N - 1 \qquad (3-9)$$

Die Anzahl der Freiheitsgrade f ist gleich der Anzahl der *unabhängigen Meßwerte* in einer Datenreihe. Ist beispielsweise die Summe von drei Meßwerten bekannt

$$20 + 5 + x_3 = 30 \qquad (3-10)$$

dann lassen sich zwei Werte frei definieren (20 und 5). Die dritte Zahl ist automatisch durch die Summe festgelegt, sie beträgt $x_3 = 5$. In der obigen Datenreihe mit drei Elementen $N = 3$ beträgt der Freiheitsgrad $f = 2$.

Vereinfacht gibt der Freiheitsgrad f die Anzahl der *Wiederholungs*messungen an. Beträgt die Gesamtzahl der Messungen z. B. $N = 5$, wird eine der Messungen als „Grundmessung" betrachtet, die anderen 4 Messungen dienen zur Wiederholung.

Beispiel: Betrachtet man die drei Daten, die im Laboratorium Nr. 1 und Nr. 2 erhalten wurden, berechnet sich die Varianz $var(x)$ mit

Laboratorium 1: Mittelwert 0,99

Wert x_i	Mittelwert $\bar{x}$	Differenz $(x_i - \bar{x})$	Quadrat der Differenz $(x_i - \bar{x})^2$
$x_1 = 0,98$	0,99	−0,01	0,0001
$x_2 = 0,99$	0,99	0,00	0,0000
$x_3 = 1,00$	0,99	+0,01	0,0001
		Summe:	0,0002

Laboratorium 2: Mittelwert 0,99

Wert x_i	Mittelwert $\bar{x}$	Differenz $(x_i-\bar{x})$	Quadrat der Differenz $(x_i-\bar{x})^2$
$x_1 = 0,92$	0,99	−0,07	0,0049
$x_2 = 0,99$	0,99	0,00	0,0000
$x_3 = 1,06$	0,99	+0,07	0,0049
		Summe:	0,0098

Aus den Daten der Tabelle wird für das Laboratorium Nr. 1 eine Varianz nach Gl. (3-11) berechnet:

$$var\,(x) = \frac{0,0002}{3-1} = \underline{0,0001} \tag{3-11}$$

und für das Laboratorium Nr. 2 wird eine Varianz nach Gl. (3-12) berechnet:

$$var\,(x) = \frac{0,0098}{3-1} = \underline{0,0049} \tag{3-12}$$

Eine andere, etwas vereinfachte Gleichung zur Berechnung der Varianz ist Gl. (3-13)

$$var\,(x) = \frac{\sum x_i^2 - N \cdot \bar{x}^2}{N-1} \tag{3-13}$$

Für die Daten des Laboratoriums Nr. 2 gilt z. B.:

$$var\,(x) = \frac{(0,92^2 + 0,99^2 + 1,06^2) - 3 \cdot 0,99^2}{3-1} = \underline{0,0049} \tag{3-14}$$

Genau das war auch das Ergebnis, welches mit Gl. (3-8) berechnet wurde. Die Berechnung mit Gl. (3-14) macht beim manuellen Rechnen manchmal weniger Arbeit, als die sonst übliche Berechnung mit Gl. (3-8).

Es ist zu beachten, daß der Mittelwert immer mit der ausreichend großen Stellenzahl berechnet sein muß, da der Rundungsfehler sonst zu hoch wird.

Mit vielen Taschenrechnern oder Kalkulationsprogrammen wie EXCEL®oder LOTUS 1-2-3® können die Varianz oder ähnliche statistische Streuungskenngrößen schnell und ausreichend genau berechnet werden.

Die Varianz *var* mißt die Streuung der Meßwerte um ihren Mittelwert $\bar{x}$. Dabei geht man von den Quadraten der charakterisierten Größen aus. Um das Ergebnis auf die ursprünglichen Einheiten zurückzuführen, zieht man aus der Varianz $var(x)$ die Quadratwurzel $\sqrt{var(x)}$. Als Ergebnis erhält man die Standardabweichung s_x der Einzelmessung vom Mittelwert. Die Standardabweichung kann mit Hilfe aller drei Gleichungen (3-15) bis (3-17) berechnet werden.

$$s_x = \sqrt{var(x)} \qquad (3\text{-}15)$$

$$s_x = \sqrt{\frac{\sum (x_i - \bar{x})^2}{N-1}} \qquad (3\text{-}16)$$

$$s_x = \sqrt{\frac{\sum x_i^2 - N \cdot \bar{x}^2}{N-1}} \qquad (3\text{-}17)$$

Nach Gl. (3-15) beträgt die Standardabweichung s_x der Daten aus dem Laboratorium Nr. 1

$$s_x = \sqrt{0{,}0001} = \underline{0{,}01} \qquad (3\text{-}18)$$

und die aus dem Laboratorium Nr. 2

$$s_x = \sqrt{0{,}0049} = \underline{0{,}07} \qquad (3\text{-}19)$$

Beim Berechnen dieser statistischen Kennzahlen mit Taschenrechnern oder mit modernen Tabellenkalkulationsprogrammen ist Vorsicht angebracht. Oft werden gleichlautende Kenngrößen berechnet, die jedoch andere Bedeutungen haben können. Die Berechnung einer speziellen Standardabweichung erfolgt z. B. mit der Gl. (3-20):

$$s_x = \sqrt{\frac{\sum (x_i - \bar{x})^2}{N}} \qquad (3\text{-}20)$$

Es wird unter der Wurzel nicht durch den Freiheitsgrad $f = N-1$, sondern nur durch N dividiert. Diese Art von Standardabweichung wird dann angewendet, wenn es keinerlei Anspruch auf Verallgemeinerung gibt. Wir werden diesen Streuungstyp in diesem Buch nicht benutzen [4].

Tabelle 3-9. Meßwertreihe

Nr.	Meßwert	Nr.	Meßwert
1	54	11	52
2	59	12	55
3	54	13	53
4	55	14	58
5	56	15	56
6	53	16	55
7	55	17	59
8	53	18	52
9	59	19	53
10	53	20	58

Die „richtige" Funktion zur Berechnung der Standardabweichung im Tabellenkalkulationsprogramm MS-EXCEL® (Version 7) ist „=STABW(Bereich)" und die in LOTUS 1-2-3® (Version 5) ist „@STABWP(Bereich)".

Die Standardabweichung des Einzelwertes s_x ist die wichtigste Streuungskenngröße in Datenreihen. Eine besondere Bedeutung für den Analytiker hat die Frage, ob die Standardabweichung s_x von dem Stichprobenumfang N abhängt. Dazu denken wir uns eine Meßwertreihe aus, deren Daten in der Tabelle 3–9 aufgeführt sind.

Die Berechnung der Standardabweichung s_x nach Gl. (3-16) ergibt:

– für die Datenreihe von 1 bis 10: $s_x = 2{,}283$ ($N = 10$)
– für die Datenreihe von 1 bis 20: $s_x = 2{,}382$ ($N = 20$)

Die beiden Werte sind zwar nicht identisch, aber bei Daten, die mit Hilfe analytischer Methoden gefunden werden, sind solche Abweichungen normal. Der Stichprobenumfang N hat demnach bei dieser Anzahl von Daten kaum Einfluß auf die Standardabweichung der Einzelwerte.

Über die weitere Bedeutung der Standardabweichung wird in Kapitel 4 (theoretische Verteilung) zu berichten sein.

Beim Vergleich von Datenreihen mit verschiedenen Größenordnungen ist die Standardabweichung als Maß für die Präzision (Streuung) allein noch nicht sehr aussagekräftig. Eine Standardabweichung von $s_x = 0{,}2$ kann bei einem Mittelwert von $\bar{x} = 1{,}0$ eine große, bei einem Mittelwert von $\bar{x} = 100$ eine sehr geringe Streuung erkennen lassen.

Wird die Standardabweichung s_x jedoch auf den Mittelwert $\bar{x}$ bezogen, erhält man eine in der Analytik wichtige und aussagekräftige Größe.

Tabelle 3-10. Gesamtpräzisionstest einer HPLC

Injektionsnummer	Peakflächen HPLC-Gerät Nr. 1	Peakflächen HPLC-Gerät Nr. 2
1	125785	146282
2	126224	146123
3	125876	145991
4	126111	145900
5	126087	146123
6	125992	146414
Mittelwert	126012,5	146138,8
Standardabweichung	161,73	187,40
Variationskoeffizient in %	0,1283	0,1283

Diese Größe wird **Variationskoeffizient** V oder „relative Standardabweichung" CV genannt und meistens in Prozent ausgedrückt (Gl. 3-21).

$$V = \frac{s}{\bar{x}} \cdot 100\% \qquad (3\text{-}21)$$

Ein Beispiel aus der HPLC soll die Bedeutung des Variationskoeffizienten V unterstreichen. An zwei verschiedenen HPLC-Geräten wird ein Präzisionstest vorgenommen, indem jeweils die Lösung einer Standardsubstanz hintereinander sechsmal injiziert wird und die entstandenen Peakflächen ausgewertet werden. Die Werte sind in Tabelle 3-10 aufgeführt.

Die Daten des HPLC-Gerätes Nr. 1 ergibt eine etwas größere Standardabweichung s_x als die des Gerätes 2. Bezieht man jedoch den auch etwas größeren Mittelwert $\bar{x}$ mit in die Betrachtung ein, so ist der Variationskoeffizient V als Maß für die Gesamtpräzision bei beiden Geräten mit $V = 0,1283\%$ gleich. Die Gesamtpräzision wäre bei beiden Geräten als „gleich" zu bewerten [7].

Um die *Form* einer Verteilung auszudrücken, verwendet man als Kenngröße die „Schiefe". Bei kleineren Datenreihen wird die Gl. (3-22) benutzt:

$$S = \frac{3 \cdot (\bar{x} - \tilde{x})}{s_x} \qquad (3\text{-}22)$$

In Gl. (3-22) bedeutet:

S Schiefenkenngröße
$\bar{x}$ Mittelwert der Datenreihe
$\tilde{x}$ Median der Datenreihe
s_x Standardabweichung der Datenreihe

Bei einer absolut symmetrischen Verteilung ist der Mittelwert $\bar{x}$ und der Median $\tilde{x}$ gleich, somit ist die Schiefe $S=0$.
   Die bereits in Abschnitt 3.1.2 berechneten Daten (siehe Tabelle 3-8) aus dem Laboratorium Nr. 1 und aus dem Laboratorium Nr. 3 sollen auf die Schiefe untersucht werden:

Laboratorium Nr. 1:

95	95	96	96	97	97	97	98	98	98	98	98
99	99	99	99	99	99	99	99	99	100	100	100
100	100	100	100	100	100	100	100	100	100	100	100
101	101	101	101	101	101	101	101	102	102	102	102
103	103	103	104	104	105	105					

Die Standardabweichung s_x beträgt 2,23, der Mittelwert $\bar{x}=99,9$ und der Median $\tilde{x}=100$. Daraus errechnet sich eine Schiefe nach Gl. (3-23) von:

$$S = \frac{3 \cdot (99,9 - 100)}{2,23} = \underline{-0,134} \tag{3-23}$$

Laboratorium Nr. 3:

95	95	96	96	96	97	97	97	97	98	98
98	98	98	98	98	98	98	98	98	98	99
99	99	99	99	99	99	99	99	100	100	100
100	100	100	100	101	101	101	101	101	101	102
102	102	102	102	103	103	103	104	104	104	105

Die Standardabweichung s_x beträgt 2,28, der Mittelwert $\bar{x}=99,4$ und der Median $\tilde{x}=99$. Daraus errechnet sich eine Schiefe nach Gl. (3-24) von:

$$S = \frac{3 \cdot (99,4 - 99)}{2,38} = \underline{0,504} \tag{3-24}$$

Die Daten aus dem Laboratorium Nr. 3 sind „schiefer" als die Daten aus dem Laboratorium Nr. 1, was auch die dazugehörigen Grafiken (siehe Abb. 3-1) belegen.

4 Theoretische Verteilungen

Bisher wurden Verteilungen erläutert, die durch Zählen und Klassierungen entstanden sind. Viele solcher durch Meßergebnisse erhaltene Verteilungen folgen theoretischen Zusammenhängen und können durch diese mehr oder weniger gut beschrieben werden. Manchmal findet man jedoch für eine Reihe von beobachteten Daten keinen theoretischen Ansatz.

Die in diesem Buch vorwiegend behandelte theoretische Verteilung ist die „Normalverteilung" (Gaußsche Verteilung). Sie ist für Analysenbeurteilungen die wichtigste Verteilung. Soll auf andere Verteilungen (z. B. Poisson-Verteilung und Binominal-Verteilung) zurückgegriffen werden, muß auf Spezialliteratur verwiesen werden [8, 9].

4.1 Normalverteilung

Um die Verteilung einer gewissen Anzahl von Meßwerten übersichtlich darzustellen, verwendet man nach der Sortierung und der Festlegung einer Klassenanzahl und der Klassenbreite das bereits in Kapitel 3 beschriebene Histogramm. Auf die Ordinatenachse (y-Achse, vertikale Achse) trägt man gewöhnlich die relative Häufigkeit H in % auf, auf der Abszisse (x-Achse, horizontale Achse) die entsprechende Klasse. Bei der theoretischen Betrachtung mit „unendlich vielen Meßwerten" und der „Klassenbreite Null" geht das Histogramm in die theoretische Normalverteilung über. Auf der Ordinate wird dann statt der relativen Häufigkeit H die theoretische Größe Wahrscheinlichkeitsdichte $\Delta W/\Delta x$ oder dW/dx (vereinfacht auch „Häufigkeitsdichte" genannt) aufgetragen.

Die erhaltene Normalverteilung beschreibt die Verteilung der Grundgesamtheit, d. h. unter Berücksichtigung aller Elemente der Datenreihe bei „unendlich vielen" Meßwerten. Ihr grafisches Aussehen erinnert an eine Glocke, sie wird demnach auch häufig „Glockenkurve" genannt.

Sie wurde erstmals von dem Mathematiker de Moivre beschrieben. Gauß und Laplace bezogen die Überlegungen von de Moivre auf Meßfehler von astrono-

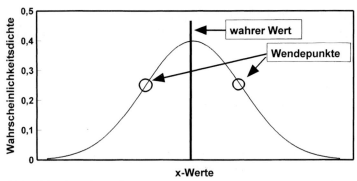

Abb. 4-1. Normalverteilung

mischen Messungen. Sie versuchten, die Normalverteilung durch eine mathematische Gleichung zu beschreiben, was schließlich gelang.

Median, Mittelwert und Modalwert sind in einer Normalverteilung gleich. Die Spannweite R einer theoretischen Normalverteilung geht von minus Unendlich bis plus Unendlich und sie ist stetig, d. h. ohne Lücke. Als Variable können alle beliebigen Zahlenwerte zwischen plus und minus Unendlich angenommen werden, es gibt keine Lücke in der Wertedarstellung.

Der mittlere Wert einer Verteilung kommt am häufigsten vor. Je mehr die Werte vom Mittelwert nach oben oder unten abweichen, um so seltener kommen sie vor. Die Normalverteilung ist darüber hinaus völlig symmetrisch (Abb. 4-1).

Die Normalverteilung hat folgende Eigenschaften [4]:

- Sie hat beim „wahren Wert" μ ihr Maximum.
- Die Normalverteilung hat zwei Wendepunkte. Unter einem Wendepunkt versteht man den Punkt, an dem der Kurvenverlauf von der konvexen in die konkave Form übergeht. Der Abstand der Wendepunkte zum Mittelwert in x-Richtung ist die theoretische Standardabweichung σ der Gesamtheit aller Elemente.
- Die Standardabweichung σ ist um so größer, je größer die Streubreite ist. Sie ist damit eine Streuungskenngröße.
- Die Wahrscheinlichkeit ist groß, daß ein Meßwert in der Nähe des wahren Wertes μ liegt.
- Mit dem Flächenwert unter der Kurve kann die Wahrscheinlichkeit P angegeben werden, mit der ein Wert innerhalb eines Intervalls auftreten wird.

Die Normalverteilung gehorcht der von Gauß aufgestellten Funktionsgleichung Gl. (4-1):

$$y = \frac{1}{\sigma\sqrt{2 \cdot \pi}} \cdot e^{-\frac{(x-\mu)^2}{2\cdot\sigma}} \qquad (4\text{-}1)$$

In Gl. (4-1) bedeutet:

e   Eulersche Zahl (2,718)

σ Streuungskenngröße (theoretische Standardabweichung der Gesamtheit)

x Abszissenwert

y Ordinatenwert (Wahrscheinlichkeitsdichte $\Delta W/\Delta x$)

μ Lagenkenngröße („wahrer Wert")

Die Normalverteilung in ihrer Grundgesamtheit wird durch die beiden Kenngrößen σ (Standardabweichung) und μ (wahrer Wert) vollständig charakterisiert. Während μ die Lage der Verteilung angibt (Abb. 4-2), charakterisiert σ die Streuung in der Verteilung. Die Streuung macht sich durch unterschiedliche Breite der Kurve bemerkbar (Abb. 4-3).

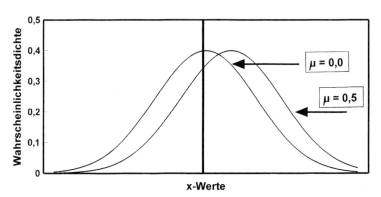

Abb. 4-2. Normalverteilung mit unterschiedlichen μ-Werten

Unabhängig von dem Mittelwert und der Standardabweichung hat die Normalverteilung immer dasselbe glockenförmige Aussehen.

Um die in der Funktion beschriebene Größe „Häufigkeitsdichte" näher zu erläutern, sollen bei der Messung von Stapelfasern die y-Werte mit Gl. (4-1) gemäß der Gaußschen Normalverteilung berechnet werden. Dazu bedient man sich eines modernen Tabellenkalkulationsprogramms wie z. B. MS-EXCEL$^{®}$ oder LOTUS 1-2-3$^{®}$.

Als Beispiel erhielte man bei der Längenmessung von 52 Stapelfasern die in Tabelle 4-1 angegebene Verteilung.

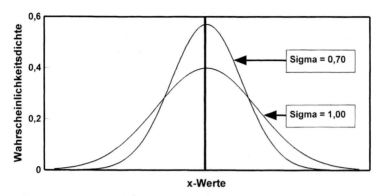

Abb. 4-3. Normalverteilung mit unterschiedlichen σ-Werten

Tabelle 4-1. Stapelfasern

Stapellänge (in mm)	Fälle
95	2
96	2
97	3
98	5
99	9
100	15
101	8
102	4
103	3
104	2
105	2

Angenommen, der „wahre Wert" wäre $\mu = 99{,}95$ mm, und die Standardabweichung wäre $\sigma_x = 2{,}23$ mm (diese Werte sind normalerweise nicht bekannt!).

Setzt man für x in der Gl. (4-1) die erste Stapellänge der Tabelle 4-1 ein ($l = 95$ mm), erhält man für die Häufigkeitsdichte $y = 0{,}0152368$ nach Gl. (4-2).

$$y = \frac{1}{2{,}23 \cdot \sqrt{2 \cdot \pi}} \cdot e^{\frac{(95-99{,}95)^2}{2 \cdot 2{,}23}} = \underline{0{,}0152368} \tag{4-2}$$

Für alle anderen Stapellängen wird nach dem gleichen Verfahren die Häufigkeitsdichte berechnet. Man erhält so die Werte der Spalte (3) in der Tabelle 4-2.

Tabelle 4-2. Tatsächliche und theoretische Verteilung

Stapellänge (1)	Fälle (2)	Berechnete Häufigkeitsdichte y (3)	Berechnete Häufigkeitsdichte mit 100 erweitert (4)
95	2	0,0152368	1,52368
96	2	0,0372805	3,72805
97	3	0,0746018	7,46018
98	5	0,1220938	12,20938
99	9	0,1634216	16,34216
100	15	0,1788975	17,88975
101	8	0,1601685	16,01685
102	4	0,1172803	11,72803
103	3	0,0702347	7,02347
104	2	0,0343997	3,43997
105	2	0,0137799	1,37799

Um die Häufigkeitsdichte y mit der tatsächlich gemessenen Anzahl der Fälle zu vergleichen, werden alle Häufigkeitsdichten in Spalte (3) mit dem Faktor 100 erweitert. Man nennt dieses Erweiterungsverfahren zur besseren Vergleichbarkeit „Operationalisierung". Man erhält nach dem Operationalisieren die theoretische Verteilung der Stapellänge in Spalte (4), die mit der tatsächlichen Verteilung in Spalte (2) erkennbar in Zusammenhang steht (Abb. 4-4).

Die gemessene Verteilung ist einer Normalverteilung genähert. Weiter hinten in diesem Abschnitt und in Kapitel 5 werden gleichwohl „bessere" Tests beschrieben, die Wertereihen auf eine Normalverteilung überprüfen (z. B. der David-Schnell-Test und der Chi-Quadrat-Verteilungstest, siehe dazu Kapitel 6).

Bei der *standardisierten* Form der Normalverteilung wird der Wert x durch den standardisierten Wert z ersetzt. Mit Gl. (4-3)

$$z = \frac{x - \mu}{\sigma} \qquad (4\text{-}3)$$

und $\sigma = 1$ geht die Gaußsche Gleichung über in Gl. (4-4)

$$y = \frac{1}{\sqrt{2 \cdot \pi}} \cdot e^{-\frac{z^2}{2}} \qquad (4\text{-}4)$$

Die theoretische Standardabweichung σ wird auf den Wert 1 festgelegt. Das Maximum der standardisierten Normalverteilung wird den Wert „0" erhalten. Die Fläche unter der Kurve wird den Wert „1" annehmen. Die Wahrscheinlich-

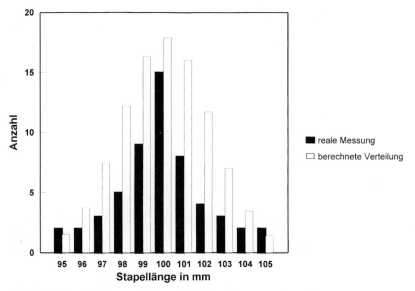

Abb. 4-4. Tatsächliche und theoretische Verteilung von Stapelfasern

keit, daß ein Meßwert z im Intervall von minus unendlich bis plus unendlich auftritt wird „1" (100%) sein.

Die Fläche unterhalb der durch die Normalverteilung beschriebenen Kurve repräsentiert die Gesamtheit aller Daten, d. h. „unendlich" viele Meßwerte. Fällt man das Lot von der „Spitze" der Kurve auf die x-Achse, erhält man den „wahren Wert". Die Fläche unter der Kurve links vom Lot repräsentiert genau 50% der Daten, die Fläche rechts vom Lot ebenfalls 50%. Fällt man von den beiden *Wendepunkten* das Lot auf die x-Achse, wird durch die Lote eine Fläche eingeschlossen, die *immer* 68,26% aller Werte repräsentiert. Da der Abstand vom Schnittpunkt des Lotes auf der x-Achse zum Wert μ die Standardabweichung σ der Gesamtheit ist, repräsentiert die in den Grenzen $\mu \pm \sigma$ liegende Fläche genau 68,26% der Grundgesamtheit. Durch Erstellen einer Normalverteilungskurve auf Papier, Einzeichnen der Lote, durch Ausschneiden und Wiegen der ausgeschnittenen Flächen kann der Sachverhalt leicht nachgeprüft werden. Erweitert man die Bereichsgrenzen der Flächen um das 2-, 3- oder 4fache der Standardabweichung σ, erhält man die Werte in Tabelle 4-3.

Im Abschnitt 4.4 befindet sich eine „Normalverteilung" mit den eingezeichneten Wendepunkten. Durch genaues Ausschneiden der gesamten Kurve, Wiegen und weiteres Ausschneiden entlang der Lote von den Wendepunkten zur

Tabelle 4-3. Bereichsgrenzen

Grenze	Prozentwert der Fläche
$\mu \pm \sigma$	68,27
$\mu \pm 2\sigma$	95,45
$\mu \pm 3\sigma$	99,73
$\mu \pm 4\sigma$	99,9937
$\mu \pm 5\sigma$	99,999943

x-Achse können die entsprechenden Flächenprozentwerte ganz einfach nachgeprüft werden.

Der $\mu \pm 3\sigma$-Wert der Tabelle 4-3 kann folgendermaßen interpretiert werden: nur 0,27% aller Meßwerte liegen mehr als $\pm 3\sigma$ vom „wahren Wert" μ der Grundgesamtheit entfernt. Nur einer von ca. 10 000 Meßwerten liegt außerhalb der Grenze von $\pm 4\sigma$.

Die Werte der Tabelle 4-3 gelten für alle Normalverteilungen, egal welche Werte σ und μ annehmen.

Aus der Verteilungsfunktion kann die Aussage getroffen werden, wie groß die Wahrscheinlichkeit P ist, einen Wert in einer genau definierten Entfernung vom Wert μ der Grundgesamtheit anzutreffen. Zum Beispiel trifft man mit einer 95,45%igen Wahrscheinlichkeit den Wert im Bereich $\mu \pm 2\sigma$ an.

Die Werte μ und σ gelten nur für die Gesamtheit aller Daten. Bei analytischen Untersuchungen kann die Gesamtheit der Daten nicht gemessen werden. Es werden gewöhnlich nur Stichproben gezogen, die analytisch bearbeitet und statistisch ausgewertet werden. Der aus Mehrfachbestimmungen ermittelte Mittelwert $\bar{x}$ und die Standardabweichung s_x nach Abschnitt 3.2 ist *nicht* identisch mit den unbekannten theoretischen Werten μ und σ der Verteilung.

Jedoch stellen $\bar{x}$ und s_x eine Abschätzung der nicht bekannten Werte μ und σ aus der Grundgesamtheit dar. Unter „Abschätzung" wird dabei das statistische Verfahren der Equivalenzannahme von s und σ verstanden und nicht eine Abwertung des Verfahrens.

Daten, die mit Hilfe analytischer Verfahren gewonnen werden, sind meistens annähernd normalverteilt. Ausnahmen machen die Prüfverfahren, die auf zählenden Methoden beruhen. Auch sind viele biologische Vorgänge nicht normalverteilt.

Auf der Normalverteilung beruhen viele Annahmen und Kenngrößen, die zu der Beurteilung der verwendeten Verfahren dienen. Vor der Bearbeitung einer Datenreihe und der Annahme, daß diese normalverteilt ist, sollte daher im Zweifelsfall geprüft werden, ob die Annahme zutrifft. Dazu bestehen verschiedene

Prüfungsverfahren. An dieser Stelle sollte nur auf den Schnelltest nach David und Mitarbeiter [10] eingegangen werden.

Die Werte einer realen Datenreihe sind vermutlich dann normalverteilt, wenn der Quotient aus der Spannweite R und der nach Gl. (3-17) berechneten Standardabweichung s_x innerhalb eines tabellierten Grenzintervalls liegt. Üblicherweise wird zur Bestimmung des Grenzintervalls die Tabelle nach David (siehe Abschnitt 13.1.1) mit einer statistischen Sicherheit von von $P=90\%$ benutzt.

Der Test nach David ist eine Überschlagsrechnung, die in den meisten Fällen ausreicht. Sollten genauere Aussagen notwendig werden, dann muß zu den schärferen Tests gegriffen werden. Ein solcher Test (Chi-Quadrat-Test) wird in Kapitel 6 gezeigt.

Als Anwendungsbeispiel soll nach der Methode von David [10] untersucht werden, ob die Daten des Laboratoriums 1 aus Kapitel 3 in einer Normalverteilung vorliegen.

Laboratorium Nr. 1:

95	95	96	96	97	97	97	98	98	98	98	98
99	99	99	99	99	99	99	99	99	100	100	100
100	100	100	100	100	100	100	100	100	100	100	100
101	101	101	101	101	101	101	101	102	102	102	102
103	103	103	104	104	105	105					

Die Standardabweichung der Datenreihe beträgt $s_x=2{,}23$. Die Spannweite R zwischen dem kleinsten und dem größten Wert beträgt $R=105-95=10$.

Aus der Spannweite R und der Standardabweichung s_x wird der Prüfwert PW nach Gl. (4-5) berechnet:

$$PW = \frac{R}{s} = \frac{10}{2{,}23} = \underline{4{,}48} \tag{4-5}$$

Es liegen $N=55$ Daten vor.

Der berechnete Prüfwert $PW=4{,}48$ wird mit der oberen und unteren Grenze nach David aus der Tabelle in Abschnitt 13.1.1 verglichen ($P=90\%$).

Für $N=55$ Daten ist aus dieser Tabelle die untere Grenze mit 4,02 und die obere Grenze mit 5,22 abzulesen [10].

Der mit Gl. (4-5) berechnete Prüfwert von $PW=4{,}48$ befindet sich in dem Tabellenintervall mit der Signifikanzschranke von $P=90\%$. Damit kann die Verteilung als angenäherte Normalverteilung akzeptiert werden.

4.2 Relative Häufigkeiten

Bisher wurden die Daten in Form der „absoluten Häufigkeiten" in die Tabellen eingegeben. Für weitergehende Überlegungen ist es oft sinnvoll, diese Daten in „relative Häufigkeiten" umzuwandeln. Dazu wird die Summe aller absoluten Häufigkeiten gebildet und nach Gl. (4-6) die absolute Häufigkeit jeder Klasse durch die Summe dividiert:

$$\text{relative Häufigkeit} = \frac{\text{absolute Häufigkeit}}{\text{Summe aller Häufigkeiten}} \cdot 100\% \qquad (4\text{-}6)$$

In Tabelle 4-4 wurden die Wiederfindungsraten *WFR* (%) eines Großversuches zusammengefaßt.

Die Werte in der 3. Spalte werden erhalten, in dem nach Gl. (4-6) der jeweilige Wert der 1. Spalte durch die Summe 50 dividiert wird. Für die erste Reihe gilt:

$$\text{relative Häufigkeit} = \frac{2}{50} \cdot 100\% = 2\% \qquad (4\text{-}7)$$

Tabelle 4-4. Absolute und relative Häufigkeiten

Klassenmitte in % (1)	Fälle (absolute Häufigkeiten) (2)	Relative Häufigkeit in % (3)
94,5	1	2
95,5	1	2
96,5	1	2
97,5	4	8
98,5	4	8
99,5	9	18
100,5	7	14
101,5	10	20
102,5	5	10
103,5	5	10
104,5	2	4
105,5	1	2
Summe	50	

Die Verwendung der relativen Häufigkeit ist dann von Vorteil, wenn mehrere Verteilungen miteinander verglichen werden sollen. Es spielt dann keine Rolle mehr, wie hoch die frühere Ausprägung der absoluten Häufigkeiten war, die Ordinate kann immer die gleiche Größenordnung von 0 bis 100% besitzen. Allerdings kann bei der Verwendung relativer Häufigkeiten nicht mehr zurückverfolgt werden, wie viele Daten vorlagen. Daher muß bei der Verwendung von relativen Häufigkeiten immer die Gesamtanzahl der Daten N mit angegeben werden.

Wird die ursprüngliche Funktion der relativen Häufigkeiten mit der absoluten Häufigkeiten verglichen, kann man erkennen, daß die *Form* der Funktionen gleich bleibt.

Eine weitere Darstellungsergänzung kann durch die Bildung der *Summenhäufigkeit* vorgenommen werden. Dazu werden die relativen Häufigkeiten in Spalte 3 der Tabelle 4-5 von oben nach unten aufsummiert.

Die Summenhäufigkeit einer Klasse repräsentiert alle Werte, die von der kleinsten Klasse (94,5%) bis zu der jeweiligen Klasse angefallen sind.

Werden die Summenhäufigkeiten in Abhängigkeit von der Klassenmitte in eine Kurve eingetragen, entsteht bei dem Vorhandensein einer Normalverteilung eine Kurve mit typischem Aussehen, die sigmoide Kurve (Abb. 4-5).

Werden die Summenhäufigkeiten der Tabelle 4-5 in eine Kurve eingetragen, erhält man die Abb. 4-6. Man erkennt die sigmoide Form der Kurve.

Interessanter wird die Darstellung, wenn man die Summenhäufigkeit in Abhängigkeit von der Klassenmitte in ein sog. „Wahrscheinlichkeitspapier" einträgt.

Tabelle 4-5. Summenhäufigkeiten

Klassenmitte in %	Fälle (absolute Häufigkeiten)	Relative Häufigkeit in %	Summenhäufigkeit
94,5	1	2	2
95,5	1	2	4
96,5	1	2	6
97,5	4	8	14
98,5	4	8	22
99,5	9	18	40
100,5	7	14	54
101,5	10	20	74
102,5	5	10	84
103,5	5	10	94
104,5	2	4	98
105,5	1	2	100
Summe	50		

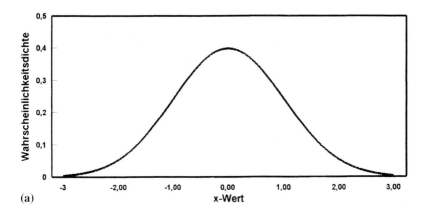

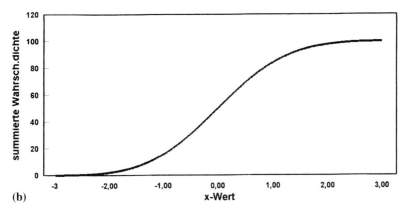

Abb. 4-5. Ideale Normalverteilung (a) und sigmoide Kurve (b)

Die Ordinatenskala des Wahrscheinlichkeitspapiers ist nicht metrisch geteilt. Ihr Mittelpunkt ist der 50%-Wert, nach oben und nach unten wird die Skala breiter.

Trägt man die Daten in das Wahrscheinlichkeitspapier ein, erhält man beim Vorliegen einer Normalverteilung im mittleren Bereich der Abszisse eine Gerade. In Abb. 4-7 wurden die Daten der Tabelle 4-5 in das Wahrscheinlichkeitspapier übertragen, man erkennt den Verlauf der Geraden, besonders im mittleren Papierbereich.

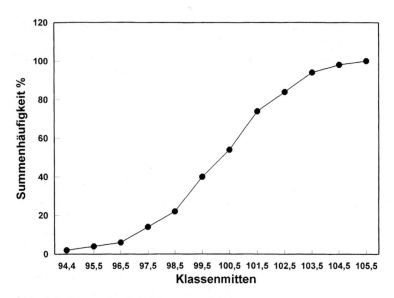

Abb. 4-6. Summenhäufigkeit in Abhängigkeit von der Klassenmitte (siehe Tabelle 4-6)

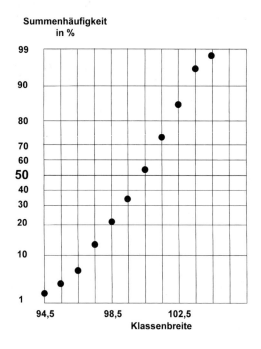

Abb. 4-7.
Eintragungen in das Wahrscheinlichkeitspapier

Diese Art der Darstellung wird häufig benutzt, um den Verlauf der Verteilung auf die Akzeptanz als Normalverteilung abzuschätzen.

Schneller geht die Überprüfung jedoch mit dem David-Test und genauer geht die Überprüfung z. B. mit dem Chi-Quadrat-Test in Abschnitt 5.4.

4.3 Standardfehler des Mittelwertes

Analysen werden gewöhnlich mit dem Anspruch einer hohen Präzision und einer ausreichenden Richtigkeit durchgeführt. Das erhaltene Ergebnis von mehreren Paralleluntersuchungen an einer Probe ist jedoch nicht unbedingt repräsentativ für die *Gesamtheit* aller Stichproben. Der Stichprobenmittelwert $\bar{x}$ des Untersuchungsmaterials wird sich wahrscheinlich vom (unbekannten) „wahren Wert", dem Wert μ der Gesamtheit, unterscheiden.

Werden z. B. aus einer Tablettencharge von 10 000 Tabletten 100 Tabletten ausgewählt und deren Gewicht gemessen, wird sich der Mittelwert aus den Massen der ausgewählten 100 Tabletten vom (unbekannten) Mittelwert der Masse *aller* Tabletten unterscheiden. Der Anwender kann nur hoffen, daß der Unterschied zwischen den beiden Mittelwerten klein ist, wir kennen den Unterschied aber nicht, weil wir den Wert μ der Gesamtheit nicht kennen.

Die übliche Methode besteht darin, daß von der Gesamtheit des Untersuchungsmaterials mehrere Stichprobenserien gezogen werden und man berechnet, wie die unterschiedlichen Mittelwerte der Serien differieren. Je geringer die Differenz der Stichprobenmittelwerte der Serien sind, um so wahrscheinlicher ist es, daß der Mittelwert der Gesamtheit mit dem Mittelwert der Stichproben übereinstimmt.

Als Beispiel werden 10 Zufallsstichproben von je 10 Tabletten aus einer Gesamtheit von 10 000 Tabletten entnommen und deren Masse gemessen. Aus den 10 Massen einer Serie wird jeweils der Serienmittelwert bestimmt. Die Ergebnisse der ersten Meßserie sind beispielsweise:

0,461 g + 0,467 g + 0,466 g + 0,465 g + 0,465 g + 0,465 g + 0,468 g + 0,461 g + 0,465 g + 0,467 g

Der Mittelwert aus den 10 Messungen der 1. Serie beträgt 0,465 g. Die Ergebnisse aller 10 Meßserien sind in Tabelle 4-6 aufgeführt.

Der „Mittelwert aller Mittelwerte" beträgt 0,4788 g, die Standardabweichung $s = 0,00636$ g.

Tabelle 4-6. Mittelwerte aller zehn Meßreihen

Meßserie Nr.	Mittelwert $\overline{m}$ der Tablettenmassen
1	0,465 g
2	0,476 g
3	0,477 g
4	0,478 g
5	0,478 g
6	0,478 g
7	0,479 g
8	0,483 g
9	0,485 g
10	0,489 g

Ist die Variable, die wir messen (hier also die Tablettenmasse) in einer Stichprobe normalverteilt, sind die Mittelwerte der Stichproben ebenfalls normalverteilt. Eine Prüfung nach David [10] zeigt, daß die *Stichprobenmittelwerte* aus Tabelle 4-6 normalverteilt sind

$$PW = \frac{0,489 - 0,467}{0,00636} = 3,46 \tag{4-8}$$

Die untere und obere Grenze (Signifikanzniveau $P=90\%$) beträgt 2,75 bis 3,57 (s. Abschnitt 13.1.1). Mit dem Prüfwert von 3,46 ist die Annahme, daß eine Normalverteilung vorliegt, wahrscheinlich.

Ist die Probenzahl N genügend hoch, sind die Stichprobenmittelwerte fast immer normalverteilt, sogar wenn die gemessene Größe in der Gesamtheit etwas schief ist.

Die normalverteilte Stichprobenverteilung des Mittelwertes ist an Bedingungen geknüpft [4]:

- Die Bestimmung des Mittelwertes *aller möglichen* Stichproben vom Umfang N ist als Wiederholungsmessung zu sehen.
- Die Stichproben sind aus Einzelmessungen zusammengesetzt.
- Die Messungen werden unabhängig voneinander durchgeführt.
- Bei der Berechnung des Mittelwertes $\overline{x}$ wird die Summe der Meßergebnisse durch den Stichprobenumfang N dividiert.

Zur Verdeutlichung soll diese Überlegung mit drei Meßergebnissen durchgespielt werden:

3   4   8

Der wahre, diesmal bekannte, Wert μ der drei Zahlen (der Grundgesamtheit) beträgt:

$$\mu = \frac{3 + 4 + 8}{3} = 5 \qquad (4\text{-}9)$$

Beim Stichprobenziehen mit dem Umfang von jeweils zwei Proben gibt es neun verschiedene Stichproben. Aus den beiden gezogenen Probenwerten wird jeweils der Mittelwert errechnet:

$$
\begin{aligned}
3 \text{ und } 3 &\Rightarrow \bar{x} = 3{,}0 \\
3 \text{ und } 4 &\Rightarrow \bar{x} = 3{,}5 \\
3 \text{ und } 8 &\Rightarrow \bar{x} = 5{,}5 \\
4 \text{ und } 3 &\Rightarrow \bar{x} = 3{,}5 \\
4 \text{ und } 4 &\Rightarrow \bar{x} = 4{,}0 \\
4 \text{ und } 8 &\Rightarrow \bar{x} = 6{,}0 \\
8 \text{ und } 3 &\Rightarrow \bar{x} = 5{,}5 \\
8 \text{ und } 4 &\Rightarrow \bar{x} = 6{,}0 \\
8 \text{ und } 8 &\Rightarrow \bar{x} = 8{,}0
\end{aligned}
$$

Berechnet man von allen möglichen neun Mittelwerten den Gesamtmittelwert $\bar{x}$, erhält man ebenfalls den Wert 5,0. Der Mittelwert der Stichprobenverteilung $\bar{x}$ stimmt mit dem Wert μ der Grundgesamtheit überein.

Eine diesbezügliche Aussage macht der „zentrale Grenzwertsatz". Er besagt, daß Messungen, die genügend zahlreich, additiv und voneinander unabhängig sind, normalverteilt sind. Es gelten zwei Messungen dann als unabhängig, wenn das Ergebnis der ersten Messung das Ergebnis der zweiten Messung nicht im geringsten beeinflußt.

Man kann aus dem Grenzwertsatz entnehmen, daß die Mittelwerte aller Einzelstichproben normalverteilt sind und um einen Gesamtmittelwert $\bar{x}$ streuen.

Für den Analytiker ist die Bedeutung der *Gesamtstreuung* interessant. Es geht um die Frage, wie weit jeder einzelne Stichprobenmittelwert vom Wert μ der Gesamtheit entfernt ist. Zur Berechnung könnte man mehrere Stichprobenserien untersuchen, von diesen den Mittelwert $\bar{x}$ und daraus die Gesamtstandardabweichung s_M berechnen.

Die Gesamtstandardabweichung s_M aus *allen* Mittelwerten ist jedoch kleiner als die Standardabweichung s, die aus den *Einzel*daten erhalten wird.

Häufigkeitsverteilungen, die nicht aus den Einzeldaten gebildet werden, sondern aus Mittelwerten der Serien, verlaufen spitzer zu als Häufigkeiten, die aus Einzelwerten erhalten werden (Abb. 4-8). Durch die vorgenommene Mittelwertbildung werden nämlich die Extremwerte ausgeglichen.

Die Standardabweichung des Mittelwertes σ_M aus der Gesamtheit berechnet sich mit Gl. (4-10) aus N Stichproben.

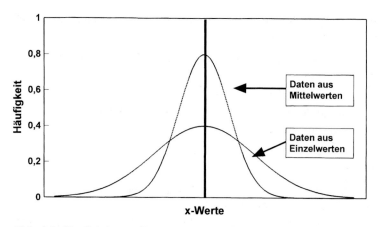

Abb. 4-8. Häufigkeitsverteilung aus Einzelwerten und aus der Mittelwertbildung

$$\sigma_M = \frac{\sigma}{\sqrt{N}} \tag{4-10}$$

Für die reale Abschätzung der Standardabweichung des Mittelwertes aus N Stichproben gilt Gl. (4-11).

$$s_M = \frac{s}{\sqrt{N}} \tag{4-11}$$

In Gl. (4-10) und (4-11) bedeutet:

σ Standardabweichung der Grundgesamtheit
s Standardabweichung aus der Stichprobe
σ_M Standardabweichung des Mittelwertes
s_M Standardabweichung des Mittelwerts aus der Stichprobe
N Anzahl der Stichproben

Der Wert σ_M bzw. s_M wird auch „Standardfehler des Mittelwertes" genannt [4]. Der Standardfehler des Mittelwertes ist die Standardabweichung der Stichprobenverteilung des Mittelwertes.

Die Gl. (4-10) ist für die Praxis nicht direkt benutzbar, weil wir σ nicht kennen. Schließlich haben wir nur einzelne Stichproben aus der Grundgesamtheit gemessen. Um unter realistischen Bedingungen arbeiten zu können, wird die Standardabweichung σ der Gesamtheit durch die abgeschätzte Standardabweichung s von N Meßwerten aus Stichproben ersetzt.

Die Vereinfachung, daß für σ der Wert s eingesetzt werden kann, gilt jedoch nur unter zwei Bedingungen [4]:

- Bei einer normalverteilten Gesamtheit (Prüfung!) muß die Anzahl der Stichproben N größer als 20 sein.
- Bei einer schiefen Gesamtheit muß N größer als 100 sein.

Für das Beispiel der Meßserien einer Tablettenmassenuntersuchung erhielt man nach Tabelle 4-6 folgende 10 Stichprobenmittelwerte:

0,465 g/0,476 g/0,477 g/0,478 g/0,478 g/0,478 g/0,479 g/0,483 g/ 0,485 g/0,489 g.

Der berechnete Gesamtmittelwert $\bar{x}$ ist 0,4788 g. Die Standardabweichung der 10 Werte wird ermittelt mit $s = 0,00636$ g.
Die Schätzung des Standardfehlers des Mittelwertes s_M beträgt nach Gl. (4-12):

$$s_M = \frac{0,00636\,\text{g}}{\sqrt{10}} = \underline{0,002011\ \text{g}} \qquad (4\text{-}12)$$

Wie man aus Gl. (4-11) erkennen kann, ist die Standardabweichung des Mittelwertes s_M von der Anzahl der Stichproben abhängig. Allerdings geht die Stichprobenanzahl N nicht direkt, sondern mit $\sqrt{N}$ ein. Die Verdoppelung der Stichprobenanzahl N erbringt nach Gl. (4-12) keine Halbierung von s_M. Wären statt $N = 10$ Stichproben insgesamt $N = 20$ Stichproben analysiert worden, hätte sich die Standardabweichung s_x kaum verändert, die Standardabweichung des Mittelwertes würde dann nach Gl. (4-11) $\dfrac{0,00636}{\sqrt{20}} = 0,001422$ betragen. Die Standardabweichung des Mittelwertes s_M wäre dann auf den Anfangswert bezogen nur um $\left(\dfrac{0,002011 - 0,001422}{0,002011}\right) \cdot 100\% = 29,3\%$ kleiner.

Was bedeutet nun die Schätzung des „Standardfehlers des Mittelwertes" s_M? Die Erklärung ist für die Statistik fundamental: das der Untersuchung zugrundeliegende Stichprobenverfahren ($N = 10$) führt zu einem Intervall (0,4788 g $\pm 0,002011$ g); dieses Intervall wird in 68 von 100 (68%) Stichprobenuntersuchungen den unbekannten Mittelwert der Grundgesamtheit μ enthalten (siehe Tabelle 4-3).

Durchschnittlich enthalten 68 von 100 (68%) den „wahren", unbekannten Wert der Grundgesamtheit μ im Intervall nach Gl. (4-13).

$$\bar{x} \pm 1 \cdot \frac{s}{\sqrt{N}} \qquad (4\text{-}13)$$

95 von 100 Stichproben (95%) enthalten den „wahren" Wert der Grundgesamtheit μ im Intervall nach Gl. (4-14)

$$\bar{x} \pm 2 \cdot \frac{s}{\sqrt{N}} \qquad (4\text{-}14)$$

und 997 von 1000 Stichproben (99,7%) im Intervall nach Gl. (5-15):

$$\bar{x} \pm 3 \cdot \frac{s}{\sqrt{N}} \qquad (4\text{-}15)$$

Auf unser Tablettenbeispiel bezogen sind dies folgende Intervalle:

68%	0,4788 g ± 0,002011 g
95%	0,4788 g ± 0,004022 g
99,7%	0,4788 g ± 0,006033 g

Sehr häufig werden im Labor die Intervalle so interpretiert, daß der „wahre Mittelwert" μ der Grundgesamtheit mit einer Wahrscheinlichkeit von 68, 95 oder 99,7% darin liegt. Diese Betrachtungsweise unterscheidet sich von der obigen Intervallsinterpretation und ist nicht ganz korrekt.

Die DIN 55350 versteht unter dem betreffenden Intervall „ein aus Stichprobenergebnissen berechneten Schätzbereich, der den wahren Wert der zu schätzenden Kenngröße auf dem vorgegebenen Niveau 1–α einschließt" [22].

Ein Problem besteht darin, daß die einzelnen Stichprobenreihen unterschiedliche Streuungen aufweisen. Die Grenzen des Vertrauensbereiches sind Zufallsgrößen und weisen daher für jede Stichprobe andere Werte auf, d. h., für jede Stichprobenreihe ergibt sich ein eigener, separater Wert des Standardfehlers des Mittelwertes s_M. Meistens sind bei analytischen Bestimmungen die Mittelwerte der einzelnen Stichproben und die sich daraus ergebenden Standardfehler der Mittelwerte s_M so eng verteilt, daß eine allgemeingültige Aussage mit *allen* Stichprobenwerten vorgenommen werden kann, ohne daß die Gültigkeit der Kenngrößen inakzeptabel wird.

Die aufgestellten Gleichungen gelten nur ab ca. 20 Meßwerten. Meistens hat man im Labor aber nicht die Gelegenheit oder die Zeit, 20 analytische Messungen durchzuführen.

Bei weniger als 20 Meßwerten sollte statt der bisher angenommenen Normalverteilung die Studentsche t-Verteilung Anwendung finden, die in Abschnitt 5.1 behandelt wird.

4.4 Übungsaufgabe

Abbildung 4-9* ist eine Gaußsche Verteilungskurve mit den eingezeichneten Werten $1 \cdot s_x$ und $2 \cdot s_x$. Schneiden Sie sorgfältig die Verteilungskurve mit Hilfe einer Schere aus und wiegen Sie dann die angeschnittene Papierfläche auf der Analysenwaage. Schneiden Sie dann links und rechts entlang der beiden eingezeichneten $2 \cdot s_x$-Grenzen und wiegen Sie dann die verkleinerte Papierfläche. Verfahren Sie dann ebenso mit der linken und rechten $1 \cdot s_x$-Grenze.

Berechnen Sie mit Hilfe der bestimmten Massen, wieviel % der Gesamtfläche die $1 \cdot s_x$- und $2 \cdot s_x$-Grenze repräsentiert.

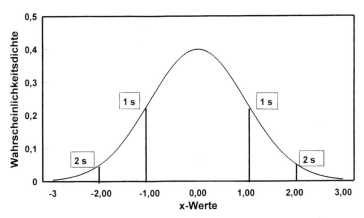

Abb. 4-9. Gaußsche Normalverteilung zur Bestimmung der Flächen

---

* Am Ende des Buches, nach dem Register, ist die Gaußsche Normalverteilung gemäß Abb. 4-9 zur besseren Handhabung beim Ausschneiden nochmals größer abgebildet.

5 Reale Verteilungen

5.1 Die t-Verteilung

Die in Kapitel 4 beschriebenen Gesetzmäßigkeiten der Normalverteilung gelten nur für eine relativ große Anzahl von Meßwerten (je nach Schiefe ab $N > 20$ bis $N > 100$). Bei einer kleinen Anzahl von Meßwerten kann der Ordinatenwert der Meßreihe zum Teil erheblich von den theoretischen Werten abweichen. Diese Unsicherheit wird durch die Verwendung der t-Verteilung statt der Normalverteilung kompensiert. Die t-Verteilung, eine Verteilungsfunktion der Mittelwerte, wurde von W. S. Gosset abgeleitet, der sie unter dem Pseudonym „Student" veröffentlichte.

Im Gegensatz zur Normalverteilung, deren glockenförmiges Funktionsbild immer gleich bleibt, besitzt die t-Funktion je nach Freiheitsgrad f unterschiedliche Formen. Sie beschreibt die relative Häufigkeit, mit der Werte einer Variablen von einem bestimmten Umfang aus einer normalverteilten Gesamtheit angenommen werden können. Die in dieser Funktion benutzte Variable nennt man t-Variable, sie berechnet sich nach Gl. (5-1) [4].

$$t = \frac{\bar{x} - \mu}{\frac{s}{\sqrt{N}}} \tag{5-1}$$

In Gl. (5-1) bedeutet:

t t-Variable der t-Funktion
$\bar{x}$ Stichprobenmittelwert
μ Mittelwert der Gesamtheit (Erwartungswert)
s Standardabweichung

Im Zähler der Gl. (5-1) ist die Differenz von Mittelwert $\bar{x}$ und Erwartungswert μ enthalten, der Nenner der Gleichung weist den Standardfehler des Mittelwertes $\frac{s}{\sqrt{N}}$ auf.

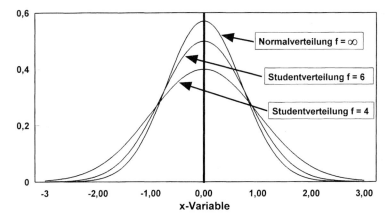

Abb. 5-1. Normal- und Studentsche *t*-Verteilung

Die *t*-Verteilung ist wie die Normalverteilung eine symmetrische, glockenförmige Verteilungsfunktion. Das Maximum von Normalverteilung und *t*-Verteilung liegt auf dem gleichen *x*-Wert. Die Breite und die Höhe beider normierten Verteilungen sind jedoch anders, weil nur die Form der *t*-Verteilung abhängig vom Freiheitsgrad *f* ist (nicht vom Stichprobenumfang *N*!). Zur Erinnerung: der Freiheitsgrad *f* gibt vereinfacht die Anzahl der Wiederholungsmessungen wieder.

Bereits bei einem Stichprobenumfang von ca. *f* = 12 hat die Studentsche *t*-Verteilung ein ähnliches Aussehen wie eine Normalverteilung. Bei einem Freiheitsgrad von *f* = ∞ geht die *t*-Verteilung völlig in die Normalverteilung über. In Abb. 5-1 sind beide Verteilungen aufgeführt.

Der Wert der *t*-Variablen ist weiterhin noch vom Parameter *P* abhängig. Eigentlich beschreibt *P* das Intervall beiderseits des Mittelwertes, welches den *t*-Wert aus der *t*-Tabelle zu 95,99 bzw. 99,9% enthalten soll. Im Laboralltag wird der Wert als „Vertrauensniveau" oder „statistische Sicherheit" bezeichnet. Die Werte der *t*-Variablen sind in der *t*-Tabelle zusammengefaßt. Die Tabelle 5-1 ist nur ein Auszug aus der ausführlichen *t*-Tabelle, die sich im Abschnitt 13.1.2 befindet.

Es handelt sich bei den Werten der Tabelle 5-1 um eine sog. zweiseitige Fragestellung. Näheres dazu findet sich in Abschnitt 5.1.1.

Bei einer Normalverteilung befinden sich 95,25% aller Daten im Bereich $\bar{x} \pm 2 \cdot s_x$. Dies entspricht etwa dem Tabellenwert *t* (*f* = ∞, *P* = 95%), die *t*-Verteilung ist in die Normalverteilung übergegangen. Trägt man die Tabellenwerte (*t*-Variable) in Abhängigkeit von dem Freiheitsgrad *f* in einer Grafik auf, erhält man Abb. 5-2. Man erkennt, daß der *t*-Wert einem Endwert zustrebt.

Tabelle 5-1. *t*-Tabelle (Auszug und zweistellige Angabe)

f	*P*=95%	*P*=99%
1	12,70	63,66
2	4,30	9,92
3	3,18	5,84
4	2,78	4,60
5	2,57	4,03
6	2,45	3,71
7	2,36	3,50
8	2,31	3,36
9	2,26	3,25
10	2,23	3,17
11	2,20	3,11
12	2,18	3,05
13	2,16	3,01
14	2,14	2,98
15	2,13	2,95
∞	1,96	2,58

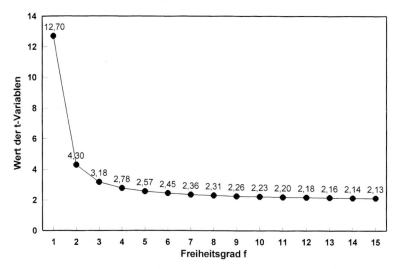

Abb. 5-2. Tabellenwerte (*t*-Variable) der *t*-Verteilung (*P*=95%) in Abhängigkeit von *f*

Durch den *t*-Tabellenwert wird die Normalverteilung den realen Bedingungen angepaßt. Was kann man mit der *t*-Variablen anfangen? Angenommen, der Stichprobenumfang wäre $N = 14$. Die statistische Sicherheit P, mit der eine Aussage gemacht werden soll, sei 95%. Aus der Tabelle kann der Wert mit $f = 13$ und $P = 95$ entnommen werden: 2,16. Dann gibt es zwei äquivalente Aussagen:

- 95% aller Werte von $t = \dfrac{\bar{x} - \mu}{\frac{s}{\sqrt{N}}}$ liegen zwischen $\pm 2,16$

- 95% aller $\bar{x}$-Werte liegen zwischen $\mu \pm 2,16 \cdot \dfrac{s}{\sqrt{N}}$

Die zweite Aussage ist für die Praxis die wichtigere. Die daraus folgende Gl. (5-2) wird für eine Ergebnisangabe benötigt [4]:

$$T = \frac{s_x \cdot t}{\sqrt{N}} \qquad (5\text{-}2)$$

Im Laboralltag wird die Größe T meistens interpretiert als ein Intervall, in dem der „wahre, unbekannte Mittelwert" μ der Grundgesamtheit mit der angenommenen statistischen Sicherheit P liegt. Diese Interpretation ist nicht ganz korrekt. Eine genauere Definition des Wertes T besagt, daß ein Intervall $\bar{x} \pm T$ ent-

Tabelle 5-2. Vergleich der Standardabweichung s_x mit dem zufälligen Fehler T [4]

Abgeschätzte Standardabweichung s_x	Zufälliger Fehler T
Die abgeschätzte Standardabweichung s_x beschreibt die Unsicherheit eines Meß*systems*	Der zufällige Fehler T beschreibt die Unsicherheit eines Meß*ergebnisses*
Die abgeschätzte Standardabweichung s_x beschreibt die Streuung *einzelner Meßwerte* um den wahren Wert μ	Der zufällige Fehler T beschreibt die Streuung des *Meßergebnisses* (ausgedrückt über den Mittelwert) um den wahren Wert μ
Die abgeschätzte Standardabweichung s_x wird aus dem Mittelwert und den einzelnen Meßwerten errechnet	Der zufällige Fehler T wird aus dem Mittelwert und der Standardabweichung s berechnet
Die abgeschätzte Standardabweichung s_x beschreibt eine Sicherheit von 68%	Der zufällige Fehler T wird mit unterschiedlichen Sicherheiten angegeben.
Die abgeschätzte Standardabweichung s_x ändert ihren Wert kaum, wenn die Anzahl N zunimmt	Der zufällige Wert T wird immer kleiner, wenn die Anzahl der Meßwerte zunimmt.
Für unendlich viele Meßwerte wird die abgeschätzte Standardabweichung s_x zur theoretischen Standardabweichung σ	Für unendlich viele Meßwerte geht der zufällige Fehler T gegen Null

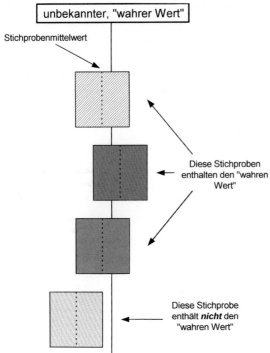

unbekannter, "wahrer Wert"

Stichprobenmittelwert

Diese Stichproben
enthalten den "wahren
Wert"

Diese Stichprobe
enthält **nicht** den
"wahren Wert"

Abb. 5-3.
Stichprobenmittelwerte, zufälliger
Fehler des Mittelwertes und
„wahrer" Wert μ

steht, bei dem, von 100 Stichproben ausgehend, 95,99 bzw. 99,5 (je nach gewähltem P) den „wahren" Wert μ enthalten (siehe dazu Abb. 5-3).

Der Wert T wird auch „zufälliger Fehler des Mittelwertes" genannt. In der Tabelle 5-2 werden die prinzipiellen Unterschiede zwischen der Standardabweichung s_x und dem zufälligen Fehler T aufgezeigt.

In der täglichen Praxis im Laboratorium wird der Bereich, der mit einer gewissen Wahrscheinlichkeit den unbekannten, wahren Wert μ enthält, „Vertrauensbereich des Mittelwertes VB" genannt. Man versteht darunter den aus Stichproben berechneten Schätzbereich, der den wahren Wert auf dem vorgegebenen Vertrauensniveau (statistische Sicherheit) einschließt.

Die DIN 55 350 versteht unter dem Vertrauensbereich VB „ein aus Stichprobenergebnissen berechneten Schätzbereich, der den wahren Wert der zu schätzenden Kenngröße auf dem vorgegebenen Niveau 1−α einschließt" [22].

In der Abb. 5-4 ist die Breite des Vertrauensbereiches eines bekannten Mittelwertes $\bar{x}$ und einer bekannten Standardabweichung s_x in Abhängigkeit der stati-

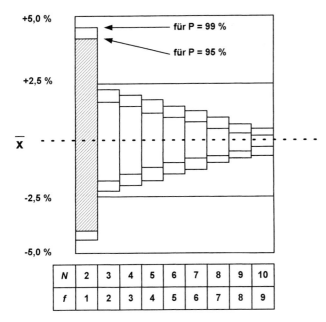

Abb. 5-4. Konfidenzbänder

stischen Sicherheit *P* dargestellt. Je größer die statistische Sicherheit gewählt wurde (*P*=95 oder 99) um so breiter wird das Intervall. Die statistische Sicherheit *P* wird über die entsprechende *t*-Wert-Spalte aus der Tabelle ausgewählt. Die in Abb. 5-4 dargestellten „Bänder" werden mit Gl. (5-3) berechnet:

$$VB = \pm \frac{t \cdot s_x}{\sqrt{N}} \tag{5-3}$$

Der Vertrauensbereich wird mit steigender Stichprobenzahl *N* immer enger. Die Verengung des Vertrauensbereiches ist aber auch möglich, indem die statistische Sicherheit *P* reduziert wird. Grundsätzlich kann an dieser Betrachtung ein in der Analytik bedeutender Sachverhalt abgeleitet werden:

- scharfe Aussagen sind unsicher
- sichere Aussagen sind unscharf

Einzelne Stichprobenreihen aus der Grundgesamtheit weisen natürlich immer unterschiedliche Mittelwerte $\bar{x}$ und unterschiedliche Standardabweichungen s_x auf. Jedoch sind in der analytischen Chemie die Stichprobenmittelwerte und die dazugehörenden Standardabweichungen im Regelfall so kongruent, daß mit der Angabe des Vertrauensbereiches des Mittelwertes *VB* eine aussagefähige statistische Größe entsteht.

Wie wir noch im Kapitel 6 sehen werden, wird die *t*-Tabelle auch für den Mittelwert-*t*-Test benötigt.

5.1.1 Einseitige und zweiseitige Fragestellung

Auf die Abszisse der *t*-Verteilungskurve sind die *t*-Werte und auf die Ordinate die Dichte *H* aufgetragen. Die Fläche unter der Kurve repräsentiert die Gesamtheit aller Daten der Verteilung. Dabei wird die *t*-Verteilung für jeden Freiheitsgrad *f* neu aufgestellt. Durch Planimetrieren kann man bestimmen, welche Fläche in etwa z. B. 95% der Daten repräsentierten. In Abb. 5-5, eine *t*-Verteilung mit *N* = 6, *f*=5, ist diese Fläche durch eine linke und eine rechte Begrenzungslinie gekennzeichnet, die jeweils 2,5% ausmacht. Auf der Ordinate kann man ablesen, daß der dazugehörige *t*-Wert etwa 2,5 entspricht.

Betrachtet man die ausführliche *t*-Tabelle (Abschnitt 13.1.2), stellt man fest, daß es jeweils eine für eine einseitige und eine für zweiseitige Fragestellungen gibt. Die Werte im Tabellenauszug 5-1 sind die *t*-Werte für die zweiseitige Fragestellung.

Worin besteht der Unterschied zwischen einseitiger und zweiseitiger Fragestellung?

Einseitige Fragestellungen werden dann aufgestellt, wenn nur *eine* Richtung der Fragestellung bedeutsam ist oder durch Vorversuche die Richtung der Abweichung bekannt und konstant ist.

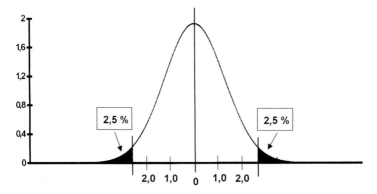

Abb. 5-5. *t*-Verteilung mit *f*=5

Zum Beispiel sind folgende Fragestellungen *einseitig:*

a) „Ist der Mittelwert der Datenreihe Nr. 1 signifikant *größer* als der der Datenreihe Nr. 2?"

b) „Ist der Mittelwert der Datenreihe Nr. 1 signifikant *kleiner* als der der Datenreihe Nr. 2?"

Die Frage, ob der Mittelwert der Datenreihe Nr. 1 signifikant größer *oder* kleiner ist als der der Datenreihe Nr. 2, ist eine *zweiseitige* Fragestellung („signifikant größer *oder* kleiner").

Berechnungsgleichungen, die z. B. für die Abschätzung der Nachweisgrenze (siehe Kap. 8) Anwendung finden, verwenden einen *t*-Wert der einseitigen Fragestellung. Konzentrationen, die niedriger sind als die Nachweisgrenze, sind nicht von Interesse.

Bei der *zweiseitigen Fragestellung* mit $N=5$ ist das Aussehen der *t*-Verteilung aus Abb. 5-6 ersichtlich. Die Grenzen für $P=95\%$ wurden als Geraden eingezeichnet, die restlichen 5% liegen links *und* rechts (jeweils 2,5%) unter dem jeweiligen Kurvenende. Der abzulesende *t*-Wert entspricht für $N=6$ ($f=5$) etwa 2,6.

Bei einer *einseitigen Fragestellung* mit $P=95\%$ und $f=5$ liegen die restlichen 5% entweder links *oder* rechts am Rande der Verteilung. Der Grenzwert, der in Abb. 5-7 durch einen senkrechten Strich gekennzeichnet ist, rückt näher an die Mitte der Verteilung.

Der abgelesene *t*-Wert einer einseitigen Fragestellung ist ca. 2,0. Der *t*-Wert einer einseitigen Fragestellung ist *kleiner* als der einer zweiseitigen Fragestellung.

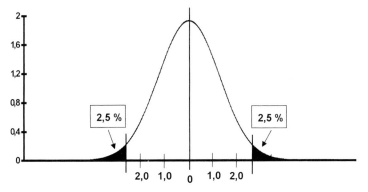

Abb. 5-6. *t*-Verteilung, zweiseitige Fragestellung mit $f=5$

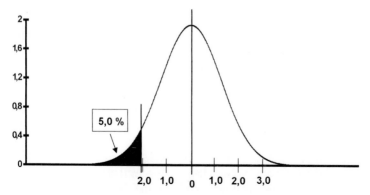

Abb. 5-7. t-Verteilung, einseitige Fragestellung mit $f=5$

Der „zufällige Fehler des Mittelwertes T", der mit einem t-Wert der einseitigen Fragestellung berechnet wird, wird kleiner als ein „zufälliger Fehler T", der mit einem t-Wert der zweiseitigen Fragestellung berechnet wird.

Für die im Labor üblichen Angaben des Konfidenzintervalls wird die zweiseitige Fragestellung benötigt, da das Analysenergebnis nach unten *oder* nach oben schwanken kann.

Wie wir in Kapitel 6 sehen werden, kann man die in speziellen Tests aufgestellten „Nullhypothesen H_0" schneller ablehnen, wenn man eine einseitige Fragestellung benutzt. Der Test wird dadurch „schärfer".

5.2   Die F-Verteilung

Werden aus einer Grundgesamtheit eines Meßsystems zwei Stichproben mit der Stichprobenzahl N_1 und N_2 entnommen, können mit Hilfe üblicher Gleichungen die Mittelwerte $\bar{x}_1$ und $\bar{x}_2$ sowie die Varianzen s_1^2 und s_2^2 berechnet werden. Aus den beiden Varianzen wird der F-Wert (nach Ronald Fisher) nach Gl. (5-4) berechnet:

$$F = \frac{s_1^2}{s_2^2} \tag{5-4}$$

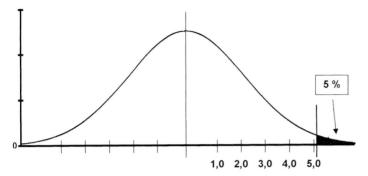

Abb. 5-8. F-Verteilung mit $f_1 = 5$ und $f_2 = 5$ ($P = 95\%$)

Dabei werden die Indices der beiden Datenreihen so angeordnet, daß s_1^2 immer größer oder gleich groß ist als s_2^2 ($F \geq 1{,}00$). Nach Fisher erhält die größere Varianz durchgängig den Index 1. Die Indices 1 und 2 beziehen sich auf die Größe von s, aber nicht auf den Stichprobenumfang N!

Der Quotient F folgt einer F-Verteilung, deren theoretische Werte in der Abhängigkeit von der Anzahl der Freiheitsgrade f und von P tabellarisch erfaßt sind (siehe Tabellen im Kapitel 13). Die Verteilung kann grafisch dargestellt werden. Die Form der Kurve ist abhängig vom Umfang der beiden Stichprobenumfänge, wobei beide Stichproben nicht den gleichen Umfang haben müssen. Bei kleiner Stichprobenzahl ist die Kurve linksgipflig, bei sehr großen Stichprobenumfängen wird die Kurve symmetrisch. Für jede denkbare Kombination von Stichprobenumfängen gibt es eine eigene F-Verteilung, die grafisch dargestellt werden kann. Die Kurve, die mit $f_1 = 5$ und $f_2 = 5$ erhalten wird, ist aus Abb. 5-8 zu ersehen. Für eine statistische Sicherheit von $P = 95\%$, die durch die Fläche unter der Kurve repräsentiert wird, kann ein F-Wert von ca. 5 abgelesen werden.

Ein berechneter F-Wert aus den Varianzen zweier Meßreihen (s_1^2 und s_2^2) einer Grundgesamtheit, der *größer* ist als der entsprechende theoretische Tabellen-F-Wert, deutet auf signifikant unterschiedliche Varianzen (zur Erinnerung: Varianz ist Maß für Streuungen!) in den Meßreihen hin. Es stellt sich dann sofort die Frage, ob die beiden Meßreihen auch aus *einer Grundgesamtheit* stammen, d. h., ob sie äquivalent sind.

5.2.1 Vertrauensgrenzen der Standardabweichung

Unter dem „Vertrauensbereich *VB*" versteht man normalerweise den Vertrauensbereich des Mittelwertes nach Gl. (5-3). Aber auch für andere statistische Größen kann ein Vertrauensbereich berechnet werden. Interessant für den Analytiker kann der Vertrauensbereich der theoretischen Standardabweichung σ sein. In
Gl. (5-5) und (5-6) werden mit Hilfe der abgeschätzten Standardabweichung s
für die (unbekannte) theoretische Standardabweichung σ eine untere und eine
obere Schranke berechnet. Diese Schranken beschreiben mit einer gewählten
statistischen Sicherheit *P* den Vertrauensbereich der Standardabweichung σ.

$$s_u = \frac{s}{\sqrt{F(P)_u}} \tag{5-5}$$

$$s_o = s \cdot \sqrt{F(P)_o} \tag{5-6}$$

In Gl. (5-5) und (5-6) bedeutet:

s_u	untere Schranke des Vertrauensbereiches
	der Standardabweichung
s_o	obere Schranke des Vertrauensbereiches
	der Standardabweichung
s	nach Gl. (3-16) berechnete Standardabweichung
$F(P)_u$	*F*-Wert aus der *F*-Tabelle mit $f_1 = N-1$, $f_2 = \infty$, $P = 95\%$
$F(P)_o$	*F*-Wert aus der *F*-Tabelle mit $f_1 = \infty$, $f_2 = N-1$, $P = 95\%$

Die unbekannte, theoretische Standardabweichung liegt mit einer statistischen
Sicherheit von $P = 95\%$ im Bereich von $s_u \le \sigma \ge s_o$.

Beträgt z. B. die Standardabweichung einer Datenreihe $s = 1{,}45$ ($N = 10$), können nach Gl. (5-5) und (5-6) die Vertrauensgrenzen berechnet werden.

Nach der *F*-Tabelle hat $F(P)_u$ mit $P = 95\%$, $f_1 = 9$ und $f_2 = \infty$ den Wert 1,88
und nach der *F*-Tabelle hat $F(P)_o$ mit $P = 95\%$, $f_1 = \infty$ und $f_2 = 9$ den Wert 2,71.

$$s_u = \frac{1{,}45}{\sqrt{1{,}88}} = 1{,}058 \tag{5-7}$$

$$s_o = 1{,}45 \cdot \sqrt{2{,}71} = 2{,}387 \tag{5-8}$$

Mit einer statistischen Sicherheit von $P = 95\%$ wird die theoretische Standardabweichung σ für dieses Beispiel im Bereich von 1,058 bis 2,387 liegen.

6 Statistische Tests als Entscheidungshilfen im Laboratorium

Mit Hilfe von statistischen Tests können Entscheidungen mit einer vorgegebenen Sicherheit gefällt werden. Grundsätzlich ist bei der Durchführung von statistischen Tests die Möglichkeit eines Irrtums immer eingeschlossen. Man hat jedoch bei der Verwendung der Tests den Vorteil einer standardisierten Bewertungsgrundlage.

Findet man z. B. bei einem Ausreißertest *nicht* die Bestätigung, daß verdächtigte Werte als Ausreißer aus der Datenreihe zu entfernen sind, bedeutet das nicht, daß die Datenreihe tatsächlich mit einer 100 prozentigen Gewißheit ausreißerfrei ist. Man kann lediglich nicht nachweisen, daß ein Ausreißer vorhanden ist. Wenn der Analytiker angibt, daß z. B. nach Grubbs eine Datenreihe „ausreißerfrei" ist, kann jeder nachvollziehen, welche Rechenschritte vorgenommen wurden.

Nehmen wir an, daß aus *einer Grundgesamtheit* zwei Stichprobenreihen gezogen wurden, die analysiert und ausgewertet wurden. Man erhält zwei Mittelwerte $\bar{x}_1$ und $\bar{x}_2$, die sich im Wert etwas unterscheiden. Es gibt prinzipiell zwei Möglichkeiten zur Bewertung [3]:

1. Die Mittelwerte unterscheiden sich in Wirklichkeit nicht, die Unterschiede sind von der „natürlichen", d. h. zu akzeptierenden Unsicherheit bei der Stichprobenwahl oder bei der Analyse verursacht und sind von „zufälliger Art".
2. Die Mittelwerte unterscheiden sich bedeutsam, d. h. signifikant. Vielleicht war das Stichprobenverfahren oder die Analysenmethode nicht korrekt.

Der Anwender eines statistischen Tests wird sich für eine der Behauptungen (Hypothesen) *vor der Analyse* entscheiden, die nach seiner Meinung eher zutrifft. Er entscheidet sich z. B. für die erste Behauptung.

Diese (natürlich noch nicht bewiesene) Behauptung nennt man Nullhypothese H_0. Die zweite Behauptung, die im Gegensatz dazu steht, nennt man Alternativhypothese H_A.

Als nächstes wird festgelegt, mit welchem Niveau P (in %) die Nullhypothese H_0 oder die Alternativhypothese H_A angenommen werden soll. Im analytischen Labor wird dieser Wert meistens auf $P=95\%$ oder $P=99\%$ festgelegt, er ist jedoch grundsätzlich wahlfrei. Die genaue Bedeutung von *P* wurde auf der Seite 51 erklärt.

Wird *P* (in %) von 100% subtrahiert, erhält man die sogenannte „Irrtumswahrscheinlichkeit" α (in %).

$$\alpha = 100\% - P(\%) \tag{6-1}$$

Statistisch signifikant bedeutet *nicht*, daß sich das Ergebnis eines Datenvergleiches verallgemeinern läßt. Unter anderen Bedingungen, mit anderen Stichproben und mit Daten aus einer anderen Grundgesamtheit kann es zu anderen Aussagen kommen.

Mit Hilfe eines statistischen Tests wird grundsätzlich untersucht, ob die Nullhypothese H_0 verworfen werden muß, weil die Alternativhypothese H_A besser mit dem Testergebnis übereinstimmt.

Die Annahme oder Ablehnung der Nullhypothese ist mit dem festgelegten *P* verknüpft. In der Praxis werden mehrere *Signifikanzgrenzen* (Signifikanz heißt so viel wie bedeutend) gesetzt [1]:

- Alternativhypothese ist nicht nachweisbar
- Alternativhypothese ist wahrscheinlich, aber nicht beweisbar
- Alternativhypothese trifft signifikant zu
- Alternativhypothese trifft hochsignifikant zu

Es obliegt dem Anwender, nach logischen Gesichtspunkten *vor der statistischen Analyse* die entsprechende Signifikanzgrenze zu definieren und mit dem Ergebnis anzugeben. In vielen analytischen Standardarbeitsanweisungen (SAA's, SOP's) sind die Signifikanzniveaus vorgegeben und dürfen dann nicht verändert werden. Gewöhnlich unterscheidet man im Routinelabor pragmatisch [1]:

- Nullhypothese wird akzeptiert, wenn die Alternativhypothese nicht nachweisbar oder „nur" wahrscheinlich ist.
- Die Alternativhypothese wird akzeptiert, wenn die Alternativhypothese signifikant oder hochsignifikant zutrifft.

Im Einzelfall ist zu prüfen, ob diese pragmatische Unterscheidung auf das vorliegende Prüfsystem anwendbar ist.

Wegen dem vorgegebenen Signifikanzniveau von $P = 95\%$, 99% oder 99,9% können bei der Annahme oder Verweigerung der Nullhypothese H_0 immer noch Fehler auftreten. Wenn eine Nullhypothese H_0 aufgrund von Testergebnissen akzeptiert wird, weil sie nicht abgelehnt werden kann, so ist das kein Beweis dafür, daß die Nullhypothese auch richtig ist.

> *Nullhypothesen können im allgemeinen nicht bewiesen werden.*

Tabelle 6-1. Hypothesen und Fehlerarten

Wäre richtig:	Nullhypothese H_0 wird beibehalten	Nullhypothese H_0 wird abgelehnt
Nullhypothese ist wahr	Richtige Entscheidung	Fehler erster Art (α-Fehler)
Nullhypothese falsch	Fehler zweiter Art (β-Fehler)	Richtige Entscheidung

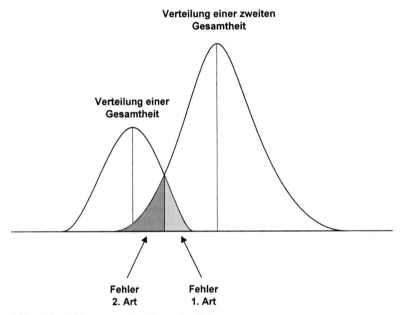

Abb. 6-1. Fehler „erster" und „zweiter" Art

Jedoch ist die Wahrscheinlichkeit, daß die Nullhypothese (und nicht die Alternativhypothese!) zutrifft, signifikant höher.

Wird eine Nullhypothese H_0 aufgrund eines negativen Tests abgelehnt, obwohl sie in Wirklichkeit wahr ist (was allerdings niemand beweisen kann!), nennt man diesen Fehler „Fehler erster Art" [1].

Dagegen nennt man „Fehler zweiter Art" jenen Fehler, der auftritt, wenn eine (falsche) Nullhypothese H_0 beibehalten wird, obwohl sie abgelehnt werden müßte. Manchmal werden dafür die Begriffe „α-Fehler" und „β-Fehler" verwendet. In Tabelle 6-1 und Abb. 6-1 sind die Fehlermöglichkeiten aufgeführt.

Bei verschiedenen statistischen Sicherheiten sind die Chancen, daß mit dem Test fehlerhafte Aussagen gemacht werden, unterschiedlich groß. Die Verminderung der Wahrscheinlichkeit, einen „Fehler zweiter Art" zu machen, führt zwangsläufig zur Chancenvergrößerung des „Fehlers erster Art". Mit einem P von 95% beträgt die Wahrscheinlichkeit, einen „Fehler erster Art" zu begehen (Nullhypothese wird fälschlicherweise abgelehnt), 5%. Wird P auf 99% festgelegt, vermindert man einen solchen Fehler auf 1%. Aber die Chance, einen „Fehler zweiter Art" zu begehen (Nullhypothese wird fälschlicherweise beibehalten), steigt dementsprechend.

Zur Berechnung von Vertrauensbereichen VB in Datenreihen wird ein P von 95% empfohlen.

Bei der Beurteilung von Datenreihen mit Hilfe von t- und F-Tests wird üblicherweise $P = 99\%$ angewendet.

Alle nachfolgenden Tests werden nach einem Schema durchgeführt:

1. Vorherige Aufstellung der Null- und der Alternativhypothese
2. Festlegung von P
3. Stichprobenauswahl N
4. Analytische Behandlung der Stichproben
5. Berechnung von statistisch relevanten Daten
6. Berechnung eines testspezifischen Prüfwertes (PW oder PG)
7. Vergleich des Prüfwertes mit Daten aus einer testspezifischen Tabelle, aufgestellt durch den Testautor
8. Annahme oder Verwerfung der Nullhypothese H_0
9. Annahme oder Verwerfung der Alternativhypothese H_A

Nachfolgend werden wichtige Tests beschrieben, die im analytischen Laboratorium häufig angewandt werden.

Für die Durchführung des nachfolgenden Tests werden in der Laborpraxis gewöhnlich spezielle Statistikpakete verwendet, wie z. B. MVA® (Novia GmbH, Saarbrücken) oder SQS® (Perkin-Elmer, Überlingen). Von anderen Firmen gibt es vergleichbare Softwarepakete im Handel, meist jedoch englischsprachig. Es wird eindringlich von der Verwendung „selbstgestrickter" Programme oder Tabellen gewarnt! In Extremsituationen (z. B. bei einer unbemerkten Division durch Null) versagen solche Eigenprodukte regelmäßig oder ergeben unbemerkt ein falsches Ergebnis. Alle genannten Statistikpakete wurden langwierig und sorgfältig validiert, so daß die mit den Programmen berechneten Ergebnisse gemäß des angewendeten Tests bzw. der Kalibrierung richtig sind. Die Anschaffungskosten der Statistikpakete sind zwar nicht niedrig (ca. 1500 bis 2000 DM), sie machen sich aber dennoch nach nur kurzer Zeit bezahlt. Denken Sie immer daran, daß die Programmpakete Rechenoperationen durchführen, die im Sinne einer Validierung Ihre Qualitätsarbeit beweisen bzw. dokumentieren sollen.

In Abschnitt 13.5 sind als Beispiele die Hauptmenüs von beiden Paketen abgebildet. Während MVA ein eigenständig programmiertes Paket ist, wahlweise in Deutsch oder Englisch, handelt es sich bei SQS$^{®}$ um ein Add-in, welches auf die dafür vorgesehene Microsoft EXCEL$^{®}$-Version „aufgesetzt" wurde. SQS$^{®}$ gefällt dem Autor dieses Buches durch gutgemachte Grafiken, während MVA$^{®}$ durch windowsähnliche Bedienung und durch ein ausgezeichnetes Hilfe- und Validierungslexikon besticht. Beide Programmpakete sind einfach zu bedienen, die Ergebnisse lassen sich in Reports zusammenfassen oder in Standardsoftware wie z. B. MS-WINWORD$^{®}$ bzw. MS-EXCEL$^{®}$ exportieren.

Die nachfolgenden Bespiele in diesem Buch wurden trotzdem sehr ausführlich mit komplettem Rechenaufwand aufgeführt, aber nur, um den statistischen Background der Tests und der Kalibrierungen aufzuzeigen.

6.1 Ausreißertests

In einer Datenreihe bezeichnet man die Werte als Ausreißer, die sich nicht zufallsbedingt, sondern durch systematische Einflüsse von den übrigen Daten unterscheiden. Dadurch wird der Mittelwert einer Datenreihe (als Repräsentanzwert für den „wahren" Wert μ) beeinflußt.

Durch Ausreißertests kann ein Ausreißer *nicht* sicher erkannt werden. Trotzdem sind Ausreißertests sinnvoll, da sie eine standardisierte, allgemeingültige Behandlung von Datenreihen sicherstellen. Die mit den diversen Tests erkannten Ausreißer werden gekennzeichnet und aus der Datenreihe entfernt. Der Mittelwert und die Standardabweichung der vom Ausreißer befreiten Datenreihe sind dann immer erneut zu berechnen.

Die Anzahl der erkannten Ausreißer sollte bei einem Ergebnis mit angegeben werden. Gewöhnlich wird ein Ausreißer mit einem Stern gekennzeichnet, z. B. $x^* = 34{,}8$ mg.

Stellvertretend werden die drei bekanntesten Ausreißertests beschrieben und verglichen:

- Test nach Dixon
- Test nach Grubbs
- Test nach Nalimov

Für die ersten beiden Tests gibt DIN 53804 die Empfehlungen für eine Mindeststichprobenzahl.

6.1.1 Dixon-Test

Der Test nach Dixon [12] wird von der DIN-Norm 53 804 [11] empfohlen, wenn die Stichprobenanzahl N weniger als 30 beträgt ($N < 30$).

Zunächst wird vom Anwender die Nullhypothese H_0 festgelegt („Die Datenreihe enthält einen Ausreißer"). Dann werden die zu prüfenden Meßwertreihen nach ihrer Größe geordnet.

Je nach Umfang N der Stichprobe werden vom Testautor verschiedene Formeln (siehe Tabelle 6-2) vorgegeben und damit zwei Prüfwerte PW („nach oben" und „nach unten") berechnet. Der Prüfwert PW „nach unten" überprüft den kleinsten Wert, der Prüfwert PW „nach oben" den größten Wert in der geordneten Zahlenreihe. Beide Prüfwerte sind mit einer von Dixon vorgegebenen, tabellarischen „Signifikanzschranke" zu vergleichen. Überschreitet der Prüfwert die Signifikanzschranke, handelt es sich nach Dixon um einen signifikanten Ausreißer (üblich ist $P = 95\%$). Der betreffende Wert muß dann aus der Datenreihe eliminiert werden.

Beispiel: Folgende Daten sind bei einer Bestimmung der Wiederfindungsrate *WFR* in % ermittelt worden:

99, 92, 96, 95, 98, 99, 102, 101, 105%

Die Nullhypothese H_0 lautet: der kleinste und größte Wert sind *keine* Ausreißer, die Alternativhypothese H_A lautet: der kleinste und größte Wert sind Ausreißer.

1. Zuerst werden die Daten nach der Größe sortiert:
   92, 95, 96, 98, 99, 99, 101, 102, 105%
   der kleinste Wert = 92 (x_1)
   der größte Wert = 105 (x_N)

2. Die Stichprobenzahl ist $N = 9$

3. Zur Anwendung kommen nach Tabelle 6-2 die Prüfwertformeln:

$$\frac{x_2 - x_1}{x_{(N-1)} - x_1} \qquad (6\text{-}2)$$

und

$$\frac{x_N - x_{(N-1)}}{x_N - x_2} \qquad (6\text{-}3)$$

In Gl. (6-2) und (6-3) bedeutet:

x_2	zweitkleinster Wert	x_N	letzter Wert
x_1	kleinster Wert	$x_{(N-1)}$	vorletzter Wert

4. Wenn die Werte in die Formeln eingesetzt werden, berechnen sich die Prüfwerte mit:

$$\text{PW ,,nach unten`` mit } \frac{95 - 92}{102 - 92} = \underline{0{,}300} \text{ und}$$

$$\text{PW ,,nach oben`` mit } \frac{105 - 102}{105 - 95} = \underline{0{,}300}$$

5. Die Signifikanzschranke für $N=9$ beträgt 0,512 nach der Tabelle 6-2. Beide Prüfwerte sind kleiner als 0,512.

Tabelle 6-2. Formeln, Signifikanzschranken und Prüfwerte nach Dixon

Stichprobenumfang	Signifikanzschranke $P=95\%$	Prüfwert nach unten	Prüfwert nach oben
3	0,941	$\dfrac{x_2 - x_1}{x_N - x_1}$	$\dfrac{x_N - x_{(N-1)}}{x_N - x_1}$
4	0,765		
5	0,642		
6	0,560		
7	0,507		
8	0,554	$\dfrac{x_2 - x_1}{x_{(N-1)} - x_1}$	$\dfrac{x_N - x_{(N-1)}}{x_N - x_2}$
9	0,512		
10	0,477		
11	0,576	$\dfrac{x_3 - x_1}{x_{(N-1)} - x_1}$	$\dfrac{x_N - x_{(N-2)}}{x_N - x_2}$
12	0,546		
13	0,521		
14	0,546	$\dfrac{x_3 - x_1}{x_{(N-2)} - x_1}$	$\dfrac{x_N - x_{(N-2)}}{x_N - x_3}$
15	0,525		
16	0,507		
17	0,490		
18	0,475		
19	0,462		
20	0,450		
21	0,440		
22	0,430		
23	0,421		
24	0,413		
25	0,406		
26	0,399		
27	0,393		
28	0,387		
29	0,381		

6. *Diagnose:* Die Alternativhypothese wird abgelehnt. Die Nullhypothese H_0 wird akzeptiert. Der kleinste und der größte Wert wird nach Dixon *nicht* als Ausreißer betrachtet.

6.1.2 Grubbs-Test

Der Test nach Grubbs [13] wird von der DIN 53 804 vorgeschlagen, wenn die Datenmenge N mehr als 30 beträgt. Nach Erfahrungen des Autors ist der Grubb-Test ausreichend „scharf" und damit mehr oder weniger universell einzusetzen, auch wenn die Datenmenge kleiner als 30 ist.

Als erstes wird die Nullhypothese aufgestellt. Dann werden alle Werte der Datenreihe nach ihrer Größe sortiert und dann aus allen Werten (einschließlich des vermeintlichen Ausreißers) mit Hilfe der üblichen Rechenvorschriften der Mittelwert $\bar{x}$ und die Standardabweichung s_x berechnet. Mit Gl. (6-4) wird vom kleinsten und vom größten Wert der Datenreihe die Prüfgröße des Grubbs-Tests berechnet:

Für den *kleinsten* Wert gilt:

$$PG_1 = \frac{|\bar{x} - x_1|}{s_x} \tag{6-4}$$

Für den *größten* Wert gilt:

$$PG_2 = \frac{|x_N - \bar{x}|}{s_x} \tag{6-5}$$

In Gl. (6-4) und (6-5) bedeutet:

x_1 kleinster Wert
x_N größter Wert
$\bar{x}$ Mittelwert der Meßreihe
s_x Standardabweichung

Die beiden Prüfgrößen PG_1 (kleinster Wert) und PG_2 (größter Wert) werden nun mit einem Wert aus der rM-Tabelle verglichen. Der Tabellenwert aus der rM-Tabelle wird mit $P = 95\%$ und der Anzahl der Messungen N entnommen (siehe Abschnitt 13.1.4).

Bewertungsvorschlag für den Grubbs-Test: Ist die Prüfgröße PG *größer* als der Tabellenwert (N, $P = 95\%$) aus der rM-Tabelle, so handelt es sich nach Grubbs um einen signifikanten Ausreißer. Bei positivem Befund ist der betreffende Wert aus der Meßreihe zu eliminieren und der Mittelwert $\bar{x}$ sowie die Standardabweichung s_x mit neuer Probenanzahl N erneut zu berechnen. Danach ist mit dem jetzt größten und kleinsten Wert wiederum der Ausreißertest durchzuführen.

Beispiel: Die Wiederfindungsraten einer Meßwertreihe betrugen ($N=43$):

99	99	89	88	89	89	88	87	99	96	89
97	88	87	88	94	99	98	96	85	88	89
94	93	97	98	96	96	98	88	98	89	89
89	89	89	89	89	87	92	93	93	89	

1. Die Nullhypothese lautet:
   Der kleinste und der größte Wert sind keine Ausreißer ($P=95\%$ nach Grubbs, $N=43$)

2. Die Werte wurden sortiert ($N=43$):

85	87	87	87	88	88	88	88	88	88	89
89	89	89	89	89	89	89	89	89	89	89
89	92	93	93	93	94	94	96	96	96	96
97	97	98	98	98	98	99	99	99	99	

3. Berechnung der statistischen Daten:
   Der Mittelwert $\bar{x}$ der Reihe beträgt 92,0
   Die Standardabweichung s_x beträgt 4,370

4. Berechnung der Prüfgrößen:
   Nach Gl. (6-6) beträgt die Prüfgröße für den kleinsten Wert

$$PG_1 = \frac{|92,0 - 85|}{4,370} = \underline{1,60} \qquad\qquad (6\text{-}6)$$

   und für den größten Wert

$$PG_2 = \frac{|99 - 92,0|}{4,370} = \underline{1,60} \qquad\qquad (6\text{-}7)$$

5. Bewertung:
   Der rM-Wert für $N=43$ und $P=95\%$ beträgt 2,89 nach der Tabelle in Abschnitt 13.1.4. Da beide Werte *kleiner* sind als der Tabellenwert, wird die Alternativhypothese abgelehnt und die Nullhypothese angenommen, die Reihe ist nach Grubbs ausreißerfrei.

6.1.3 Test nach Nalimov

Beim Ausreißertest nach Nalimov [14] müssen mindestens drei Daten ($N > 2$) vorliegen. Nach Aufstellung der Nullhypothese H_0 wird die Datenreihe sortiert. Die Kontrolle erfolgt auf den kleinsten und größten Wert. Anschließend wird eine Prüfgröße PG nach Nalimov berechnet und mit einem Tabellenwert (mit $P = 95\%$) verglichen. Ist der Prüfwert *kleiner* als der Tabellenwert, liegt nach Nalimov *kein* Ausreißer vor.

Die Prüfgröße nach Nalimov berechnet sich nach Gl. (6-8):

$$PG = \frac{|x^* - \bar{x}|}{s_x} \cdot \sqrt{\frac{N}{N-1}} \qquad (6\text{-}8)$$

In Gl. (6-8) bedeutet:

x^* ausreißerverdächtiger Wert
$\bar{x}$ Mittelwert
s_x Standardabweichung
N Anzahl der Stichproben

Beispiel: In Tabelle 6-3 wird eine Datenreihe dargestellt, die mit und ohne einen offensichtlichen Ausreißer nach der Methode von Nalimov untersucht wird.

Man beachte zunächst nur die linke Datenspalte der Tabelle 6-3. Es sind alle Werte nach der Größe sortiert. Die Nullhypothese H_0 lautet: Der größte und kleinste Wert sind keine Ausreißer.

Von allen Daten wird der Mittelwert und die Standardabweichung berechnet. Anschließend werden nach Nalimov (Gl. 6-8) die Prüfgrößen für den kleinsten (87) und für den größten Wert (96) berechnet.

Nach der Nalimov-Tabelle (siehe Abschnitt 13.1.5) beträgt der Tabellenwert ($f = 8$–2, $P = 95\%$) 1,870. Damit muß für den *größten* Wert die Nullhypothese verworfen werden; der Wert ist nach Nalimov ein Ausreißer.

Dieser Wert wird aus der Datenreihe eliminiert (zweite Datenspalte). Dann werden der Mittelwert, die Standardabweichung und die Prüfgrößen für den kleinsten und den größten Wert (jetzt 93) erneut berechnet. Die Prüfgrößen werden mit dem Tabellenwert ($N = 7$–2, $P = 95\%$) 1,849 verglichen. Diesmal kann die Alternativhypothese H_A verworfen werden und die Nullhypothese H_0 bestätigt werden; nach Nalimov ist kein Ausreißer nachweisbar.

Folgendes neue Beispiel soll mit allen drei Tests durchgerechnet werden:

Tabelle 6-3. Datenreihe mit und ohne Ausreißer

Meßwert Nr.	Sortierte Originaldaten	Sortierte Daten *ohne* den größten Wert (96)
1	**87**	**87**
2	88	88
3	89	89
4	90	90
5	90	90
6	92	92
7	93	**93**
8	**96**	–
Mittelwert	90,625	89,86
Standardabweichung	2,92	2,12
Prüfgröße für den kleinsten Wert (87)	1,33	1,46
Prüfgröße für den größten Wert (96 bzw. 93)	1,96	1,60

Beispiel: Bei einer Mehrfachuntersuchung ($N = 10$) einer Wasserprobe auf das Pflanzenschutzmittel Atrazin wurden folgende Werte gefunden:

13,7   15,0   14,3   14,5   14,9   15,1   14,8   14,8   14,5
14,9 µg/L Atrazin

Mittelwert $\bar{x} = 14,65$
Standardabweichung $s_x = 0,417$

Es soll geprüft werden, ob die Reihe nach Dixon, Grubbs und Nalimov ausreißerfrei ist.

Zuerst findet die Sortierung der Werte nach steigender Größe statt:

13,7   14,3   14,5   14,5   14,8   14,8   14,9   14,9   15,0
15,1 $N = 10$

Danach werden die Extremwerte 13,7 und 15,1 auf Ausreißer überprüft.

Test nach Dixon

- *PW* oben (15,1) $\dfrac{x_N - x_{(N-1)}}{x_N - x_2} = \dfrac{15,1 - 15,0}{15,1 - 14,3} = \underline{0,125}$

- PW unten (13,7) $\dfrac{x_2 - x_1}{x_{(N-1)} - x_1} = \dfrac{14,3 - 13,7}{15,0 - 13,7} = \underline{0,462}$

Tabellenwert (siehe Tabelle 6-2) nach Dixon (N=10, P=95%) beträgt $\underline{0,477}$
Diagnose: *Ausreißerfrei* nach Dixon (kleinster und größter Wert)

Test nach Grubbs

- PG „oben" für den größten Wert 15,1 gilt:

$$PG = \frac{x_N - \bar{x}}{s} = \frac{15,1 - 14,65}{0,417} = \underline{1,079}$$

Tabellenwert (P=95%, N=10, siehe Abschnitt 13.1.4) $\underline{2,176}$
Diagnose: größter Wert ist *kein* Ausreißer

- PG „unten" für den kleinsten Wert 13,7 gilt:

$$PG = \frac{\bar{x} - x_1}{s} = \frac{14,65 - 13,7}{0,417} = \underline{2,2783}$$

Tabellenwert (P=95%, N=10, siehe Abschnitt 13.1.4) $\underline{2,176}$
Diagnose: *kleinster* Wert ist nach Grubbs ein *Ausreißer*, er muß entfernt werden. Anschließend erfolgt erneute vollständige Berechnung mit N=9.

Test nach Nalimov

- PG für den größten Wert 15,1 berechnet sich nach:

$$PG = \frac{|x_N - \bar{x}|}{s_x} \cdot \sqrt{\frac{N}{N-1}} = \frac{15,1 - 14,65}{0,417} \cdot \sqrt{\frac{10}{10-1}} = \underline{1,137}$$

Tabellenwert (P=95%, f=10−2, siehe Abschnitt 13.1.5) $\underline{1,895}$
Diagnose: *größter* Wert ist nach Nalimov *kein* Ausreißer

- PG für den kleinsten Wert 13,7 erhält man nach:

$$PG = \frac{|\bar{x} - x_1|}{s_x} \cdot \sqrt{\frac{N}{N-1}} = \frac{14,65 - 13,7}{0,417} \cdot \sqrt{\frac{10}{10-1}} = \underline{2,40}$$

Tabellenwert (P=95%, f=10−2, siehe Abschnitt 13.1.5) $\underline{1,895}$

Diagnose: *kleinster* Wert ist nach Nalimov ein *Ausreißer*, er muß entfernt werden. Danach muß eine erneute vollständige Berechnung mit $N=9$ erfolgen.

Die Berechnungsergebnisse decken sich mit der Erfahrung des Autors, daß besonders bei kleinen Datenmengen der Nalimov-Test der „schärfste" und der Dixon-Test der „mildeste" Ausreißertest ist. Ein „mittlerer" Ausreißertest ist der Grubbs-Test, der in den meisten analytischen Laboratorien die größte Bedeutung besitzt.

Schwierigkeiten haben alle Ausreißertests, wenn zwei ausreißerverdächtigte Werte identisch sind. In der ersten Spalte der nachfolgenden Tabelle 6-4 sind die Werte Nr. 8 und Nr. 9 identische und ausreißerverdächtigte Werte (0,200). Beispielsweise liefert der Grubbs-Test die Prüfgröße 1,758. Da der rM-Tabellenwert ($N=9$, $P=95\%$, $rM=2,176$) größer ist als die Prüfgröße, werden beide Werte *nicht* als Ausreißer erkannt.

In der zweiten Spalte sind die beiden ausreißerverdächtigten Werte Nr. 8 und Nr. 9 sogar rund 50 000mal größer als die „normalen" Werte der Reihe. Und trotzdem können sie mit dem Grubbs-Test nicht erkannt werden (Prüfgröße 1,764, Tabellenwert 2,176). Ähnliches gilt bei der Anwendung von anderen Ausreißertests.

Der Analytiker ist gut beraten, bei der Untersuchung von Datenreihen nicht nur Ausreißertests durchzuführen, sondern auch seine ganze Erfahrung einzubringen und geradezu ein „Ausreißergespür" zu entwickeln.

Tabelle 6-4. Zwei identische Ausreißer

Nr.	Spalte 1	Spalte 2
1	0,129	0,129
2	0,124	0,124
3	0,121	0,121
4	0,128	0,128
5	0,125	0,125
6	0,126	0,126
7	0,121	0,121
8	0,200	5000,000
9	0,200	5000,000
Mittelwert	0,141	1111,208
Standardabweichung	0,033	2204,737
Prüfgröße nach Grubbs	1,758	1,764
Tabellenwert ($P=95\%$, s. Abschnitt 13.1.4)	2,176	2,176

6.2 Varianzen-F-Test

Mit Hilfe des Varianzen-F-Tests sollen zwei Schätzwerte von Standardabweichungen s_1 und s_2 miteinander verglichen werden, ob sie sich signifikant voneinander unterscheiden [3].

Bei Streuungsabweichungen ist zu prüfen, ob die beiden Standardabweichungen nur „zufällig" voneinander abweichen oder ob signifikante Unterschiede vorliegen. Unterscheiden sich die Varianzen signifikant, so handelt es sich um „heterogene Varianzen" (Abb. 6-2). Unterscheiden sich die Varianzen nicht oder nur zufällig, spricht man von „homogenen Varianzen". Der F-Test heißt somit auch oft „Test auf Varianzhomogenität".

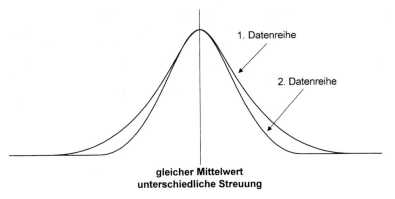

Abb. 6-2. Unterschiedliche Varianzen

Sind die beiden Standardabweichungen s_1 und s_2 durch die gleiche (theoretische) Varianz σ^2 der Grundgesamtheit vorgegeben, folgt der Quotient aus den Quadraten der beiden abgeschätzten Standardabweichungen einer F-Verteilung mit $f_1 = N_1-1$ und $f_2 = N_2-1$ Freiheitsgraden.

Definitionsgemäß wird der Zahlenwert mit der größeren Varianz (Index 1) im Zähler stehen, so daß der F-Wert immer gleich oder größer als 1 wird.

$$F = \frac{s_1^2}{s_2^2} \ (s_1 > s_2) \tag{6-9}$$

Nach Fisher erhält die größere Varianz (nicht die Datenreihe mit dem größeren Stichprobenumfang!) den Index 1, die kleinere Varianz den Index 2.

Der Unterschied zwischen den beiden Standardabweichungen wird dann als nicht nachweisbar angesehen, wenn der berechnete F-Wert den Zahlenwert aus der F-Tabelle (siehe Abschnitt 13.1.3) mit $P(\%)$ und f_1 und f_2 nicht überschreitet. Hierbei werden folgende Niveaus vorgeschlagen [3]:

$F(95\%; f_1, f_2) > F$	keine systematische Abweichungen nachweisbar
$F(99\%; f_1, f_2) > F > F(95\%, f_1, f_2)$	wahrscheinliche Abweichung, jedoch nicht nachweisbar
$F(99,9\%; f_1, f_2) > F > F(99\%; f_1, f_2)$	signifikante Abweichung, nachweisbar
$F > F(99,9\%, f_1, f_2)$	hochsignifikante Abweichung, nachweisbar

Als Nullhypothese H_0 wird z.B. vom Anwender festgelegt, daß die Varianzen homogen sind. Ist der mit Gl. (6-9) berechnete F-Wert *kleiner* als der Tabellenwert $F(P=99\%; f_1, f_2)$ kann die Alternativhypothese H_A nicht bestätigt werden, die Nullhypothese H_0 (Varianzenhomogenität) wird nicht abgelehnt. Dieser Sachverhalt wird vom Anwender akzeptiert, weil es kein stichhaltiges Gegenargument gibt. Dies ist kein „Beweis" im statistischen Sinn [8].

Im Laboralltag wird meistens der Wert aus der F-Tabelle mit $P=99\%$ als Signifikanzschranke benutzt.

Ein Beispiel soll die Handhabung des F-Tests transparent machen: In einem Laboratorium werden vom Personal von derselben Eisenprobe mit zwei verschiedenen SOP's jeweils neunmal der Eisengehalt in mg/L bestimmt. Es soll geprüft werden, ob die Ergebnis-Streuungen, die sich ergeben, zufällig oder systematisch sind. Es wird zunächst von beiden Datenreihen der Mittelwert und die Standardabweichung berechnet. Die Prüfung wird über den F-Test vorgenommen. Die Werte sind der Tabelle 6-5 zu entnehmen.

Als Nullhypothese H_0 wird festgelegt, daß die Varianzendifferenz nur zufällig ist, d.h. die Varianzen sind homogen.

Die erste Datenreihe hat die größere Varianz, daher wird der Wert in den Zähler genommen und sie erhält den Index 1. Die Prüfgröße berechnet sich nach Gl. (6-9):

$$F = \frac{9,76^2}{5,66^2} = 2,97 \tag{6-10}$$

Die Freiheitsgrade f_1 und f_2 betragen jeweils 8. Als Vergleichsgröße kann der F-Tabelle ($P=99\%$, 8,8; siehe Abschnitt 13.1.3) der Wert 6,03 entnommen werden.

Tabelle 6-5. Ergebnisse der Eisenbestimmung in zwei Laboratorien

Nr.	Daten der 1. Reihe	Daten der 2. Reihe
1	735,5	743,8
2	745,9	746,9
3	731,4	754,5
4	759,4	754,3
5	742,5	758,7
6	746,7	747,8
7	756,3	754,5
8	750,7	759,9
9	757,6	757,6
Mittelwert $\bar{x}$	747,3	753,1
Standardabweichung s_x	9,76	5,66
Varianz	$9,76^2$	$5,66^2$

Der in Gl. (6-10) berechnete F-Wert ist *kleiner* als der tabellarische F-Wert (99%, 8,8). Damit ist die Nullhypothese zu akzeptieren, ein signifikanter Unterschied in den Ergebnisstreuungen zwischen den beiden Methoden ist nicht nachweisbar.

6.3   Mittelwert-*t*-Test

Mit dem Mittelwert-*t*-Test [3] kann überprüft werden, ob die Mittelwertsunterschiede zweier Stichprobenreihen statistisch signifikant sind. Wird ein Unterschied nachgewiesen, liegt meistens ein systematischer Fehler vor (Abb. 6-3).

Welcher der beiden Mittelwerte „richtig" ist, kann durch den Mittelwert-*t*-Test nicht nachgewiesen werden. Zeigt der *t*-Test keine Unterschiede der beiden Stichproben auf, können u. U. die Mittelwerte der beiden Datenreihen zusammengelegt werden. Voraussetzung ist jedoch, daß der Varianzen-*F*-Test keine signifikanten Unterschiede der Varianzen gezeigt hat. Die Prüfgröße *PG* des Mittelwert-*t*-Testes berechnet sich mit Gl. (6-11):

$$PG = \frac{|\bar{x}_1 - \bar{x}_2|}{s_\text{D}} \cdot \sqrt{\frac{N_1 \cdot N_2}{N_1 + N_2}} \tag{6-11}$$

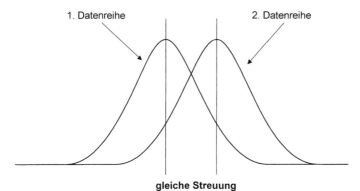

Abb. 6-3. Unterschiede in den Mittelwerten zweier Reihen

In Gl. (6-11) bedeutet:

PG Prüfgröße
$\bar{x}_1$ Mittelwert der ersten Stichprobenreihe
$\bar{x}_2$ Mittelwert der zweiten Stichprobenreihe
s_D mittlere, gewichtete Standardabweichung beider Datenreihen (siehe Gl. 6-12)
N_1 Anzahl der Meßwerte der ersten Reihe
N_2 Anzahl der Meßwerte der zweiten Reihe

Die in Gl. (6-11) enthaltene mittlere, gewichtete Standardabweichung s_D der beiden Stichprobenreihen berechnet sich nach Gl. (6-12).

$$s_D = \sqrt{\frac{s_1^2 \cdot (N_1 - 1) + s_2^2 \cdot (N_2 - 1)}{N_1 + N_2 - 2}} \tag{6-12}$$

Die mit Gl. (6-11) berechnete Prüfgröße PG wird mit dem Wert aus der zweiseitigen t-Tabelle (siehe Abschnitt 13.1.2) mit f und P verglichen. Der Freiheitsgrad f berechnet sich mit Gl. (6-13):

$$f = N_1 + N_2 - 2 \tag{6-13}$$

Dabei werden folgende Grenzen vorgeschlagen [3]:

$t(95\%, f) > PG$	statistisch ist kein Unterschied nachweisbar
$t(99\%, f) > PG > t(95\%, f)$	wahrscheinlich besteht ein Unterschied, jedoch nicht nachweisbar
$t(99,9\%, f) > PG > t(99\%, f)$	es besteht ein signifikanter Unterschied
$PG > t(99,9\%, f)$	es besteht ein hochsignifikanter Unterschied

Meistens wird die Signifikanzgrenze (die immer *vor* dem Test definiert wird!) zwischen dem „wahrscheinlichen Unterschied" und dem „signifikanten Unterschied" mit $P = 99\%$ gezogen [1].

Für das Beispiel aus Abschnitt 6.2 ergibt sich:
Nullhypothese: Es sind keine Mittelwertunterschiede zwischen den beiden Datenreihen vorhanden. Die Grenze soll mit $t(99\%, f) > PG$ definiert werden.

Die Berechnung von s_D ergibt nach Gl. (6-14):

$$s_D = \sqrt{\frac{9,76^2 \cdot (9-1) + 5,66^2 \cdot (9-1)}{9+9-2}} = 7,98 \qquad (6\text{-}14)$$

und die Berechnung der Prüfgröße PG wird mit Gl. (6-15) vorgenommen:

$$PG = \frac{|747,3 - 753,1|}{7,98} \cdot \sqrt{\frac{9 \cdot 9}{9+9}} = 1,542 \qquad (6\text{-}15)$$

Der Freiheitsgrad f beträgt:

$$f = 9 + 9 - 2 = 16$$

Nach der zweiseitigen t-Tabelle in Abschnitt 13.1.2 ergibt sich für

$$t(99\%, 16) = 2,921$$

Die Prüfgröße PG ist kleiner als der Tabellenwert von $t(99\%, 16)$. Damit ist statistisch kein Unterschied zwischen den Mittelwerten nachweisbar, die Alternativhypothese wird abgelehnt. Die Nullhypothese H_0 wird angenommen.

Da der Varianzen-F-Test (siehe Abschnitt 6.2) ebenfalls keine signifikanten Unterschiede in den Varianzen bewiesen hat, sind beide Stichprobenreihen als identisch anzunehmen. Die beiden Mittelwerte können u. U. zu einem gemeinsamen zusammengefaßt werden. Dazu dient Gl. (6-16):

$$\bar{x}_G = \frac{N_1 \cdot \bar{x}_1 + N_2 \cdot \bar{x}_2}{N_1 + N_2} \qquad (6\text{-}16)$$

Für das Beispiel gilt:

$$\bar{x}_G = \frac{9 \cdot 747,3 + 9 \cdot 753,1}{9 + 9} = \underline{750,2} \qquad (6\text{-}17)$$

Der Vertrauensbereich *VB* wäre mit $t(f = 16, P = 95\%)$ und $N = 18$:

$$VB = \frac{s_D \cdot t}{\sqrt{N}} = \frac{7,98 \cdot 2,12}{\sqrt{18}} = \underline{3,99} \qquad (6\text{-}18)$$

Das Endergebnis wäre nach der Datenzusammenlegung mit $750,2 \pm 3,99$ anzugeben.

Wäre die Datenzusammenführung *nicht* erfolgt, hätte man andere Ergebnisse erhalten. Untersuchen wir z. B. die *erste* Stichprobenreihe. Der Vertrauensbereich *VB* wäre mit $t(f = 8, P = 95\%)$, $s = 9,76$ und $N = 9$:

$$VB = \frac{s \cdot t}{\sqrt{N}} = \frac{9,76 \cdot 2,306}{\sqrt{9}} = \underline{7,50} \qquad (6\text{-}19)$$

Das Ergebnis der *ersten* Datenreihe wäre mit $747,3 \pm 7,50$ anzugeben. Wie man erkennen kann, wird der Vertrauensbereich *VB* nach erfolgreicher Datenzusammenlegung kleiner, das Ergebnis wird „sicherer".

6.4 Test zum Vergleich von Mittelwert und Sollwert

Der folgende Test kann dann interessant werden, wenn zwischen Produzenten- und Lieferantenanalysen bei vorgegebenen Sollwerten Differenzen auftreten. Er deckt auf, ob zwischen dem Mittelwert von Analysenergebnissen und einem vorgegebenen Sollwert ein signifikanter oder hochsignifikanter Unterschied besteht.

Die Prüfgröße *PG* berechnet sich mit Gl. (6-20):

$$PG = \frac{|\bar{x} - W|}{s} \cdot \sqrt{N} \qquad (6\text{-}20)$$

In Gl. (6-20) bedeutet:

PG Prüfgröße
N Anzahl der Parallelbestimmungen
$\bar{x}$ Mittelwert von N Parallelbestimmungen $(N > 2)$
W vorgegebener Sollwert
s Standardabweichung der Parallelbestimmungen

Die Prüfgröße PG wird mit den Tabellenwerten der zweiseitigen t-Tabelle (siehe Abschnitt 13.1.2) verglichen. Es gelten folgende Grenzen:

- PG ist kleiner als der t-Wert ($P=95\%$, $f=N–1$):
  Unterschied von $\bar{x}$ und W ist nicht nachweisbar

- PG ist größer als der t-Wert ($P=95\%$, $f=N–1$), jedoch kleiner als der t-Wert ($P=99\%$, $f=N–1$):
  Unterschied zwischen Sollwert und Analysenwert ist wahrscheinlich, aber nicht signifikant.

- PG ist größer als der t-Wert ($P=99\%$, $f=N–1$), jedoch kleiner als der t-Wert ($P=99,9\%$, $f=N–1$):
  Unterschied zwischen Sollwert und Analysenwert ist signifikant, aber nicht hochsignifikant.

- PG ist größer als der t-Wert ($P=99,9\%$, $f=N–1$):
  Unterschied zwischen Sollwert und Analysenwert ist hoch signifikant.

Beispiel: Der vorgegebene Gehalt einer Farbstoffpaste beträgt $W=10\%$. Im Kundenlabor wurden folgende Werte durch eine Sechsfachbestimmung erzielt:

9,8%   10,1%   9,6%   9,6%   10,0%   9,2%

Der Mittelwert der Meßreihe beträgt $\bar{x}=9,72$, die Standardabweichung $s=0,325$. Die Prüfgröße PG nach Gl. (6-20) beträgt:

$$PG = \frac{|9,72 - 10,0|}{0,325} \cdot \sqrt{6} = \underline{2,135} \tag{6-21}$$

Die betreffenden Werte mit $f=5$ aus der t-Tabelle betragen:

$$t(P=95\%)\ =2,571$$
$$t(P=99\%)\ =4,032$$
$$t(P=99,9\%)=6,869$$

Da die Prüfgröße PG kleiner ist als $t(P=95\%, f=6)$, kann ein Unterschied zwischen Soll- und Mittelwert der Meßreihe *nicht* nachgewiesen werden.

6.5   Chi-Quadrat-Anpassungstest

Mit dem Chi-Quadrat-Anpassungstest wird überprüft, ob die Verteilungen von Meßwerten sich signifikant oder zufällig von einer Normalverteilung unterscheiden. Es soll nochmals darauf hingewiesen werden, daß sich die Gleichheit zweier Verteilungen nicht beweisen läßt, da Nullhypothesen grundsätzlich *nicht* bewiesen werden können. Mit Hilfe des Schnelltests S nach David oder der Summenhäufigkeitskurve auf Wahrscheinlichkeitspapier bekommt man erste Hinweise, ob eine Verteilung als Normalverteilung akzeptiert werden kann. Mit dem Chi-Quadrat-Test, einem mathematischen Verfahren, bekommt man mit einer gewissen statistischen Sicherheit die Aussage, ob die Daten *nicht* normalverteilt sind. Der relativ komplizierte Test wird in mehreren Schritten durchgeführt:

- Formulierung der Nullhypothese H_0
- Festlegung von P
- Bildung von Klassen
- Bildung von Prozenthäufigkeiten für jede Klasse
- Berechnung eines sogenannten Erwartungswertes E
- Zuordnung der Häufigkeiten zu den Klassen
- Berechnung einer Testgröße Chi-Quadrat
- Ermittlung der Signifikanzschranken mit Hilfe einer Tabelle
- Entscheidung

Am Beispiel der bereits in Kapitel 3 untersuchten Reihe der Wiederfindungsrate soll die Vorgehensweise beschrieben werden. Zur besseren Übersicht sind die Daten nochmals in Tabelle 6-6 zusammengefaßt:
Der Mittelwert der Reihe beträgt $\bar{x} = 100,665$ und die Standardabweichung $s_x = 2,346$.

Zunächst wird die Nullhypothese H_0 definiert: Die Verteilung der Daten aus Tabelle 6-6 unterscheidet sich nur *zufällig* von der einer Normalverteilung. Das Signifikanzniveau wird mit $P = 95\%$ festgelegt. Danach erfolgt die spezielle Klassenbildung. Die Klassenbildung wird immer in sechs Klassen vorgenommen. Die Klassengrenzen werden definiert mit

1. Klasse: $\bar{x} - 3s_x$ bis $\bar{x} - 2s_x$ 4. Klasse: $\bar{x}$ bis $\bar{x} + 1s_x$
2. Klasse: $\bar{x} - 2s_x$ bis $\bar{x} - 1s_x$ 5. Klasse: $\bar{x} + 1s_x$ bis $\bar{x} + 2s_x$
3. Klasse: $\bar{x} - 1s_x$ bis $\bar{x}$ 6. Klasse: $\bar{x} + 2s_x$ bis $\bar{x} + 3s_x$

Tabelle 6-6. Absolute Häufigkeiten

Klassenmitte in %	Fälle (absolute Häufigkeiten)
94,5	1
95,5	1
96,5	1
97,5	4
98,5	4
99,5	9
100,5	7
101,5	10
102,5	5
103,5	5
104,5	2
105,5	1
Summe (N)	50

Für unser Beispiel mit $\bar{x} = 100,665$ und $s_x = 2,346$ ergeben sich folgende sechs Klassen:

Klasse	Klassenbreite
1. Klasse	93,547 bis 95,888
2. Klasse	95,888 bis 98,234
3. Klasse	98,234 bis 100,580
4. Klasse	100,580 bis 102,926
5. Klasse	102,926 bis 105,272
6. Klasse	105,272 bis 107,618

Die theoretische Prozenthäufigkeit zu den Klassen in einer streng verlaufenden Normalverteilung ergibt sich aus den bekannten Flächenwerten: $\bar{x} \pm 1\sigma = 68,26\%$, $\bar{x} \pm 2\sigma = 95,5\%$ und $\bar{x} \pm 3\sigma = 99,7\%$ (siehe Abschnitt 4.1, Tabelle 4-3). Dadurch kann eine *theoretische* Häufigkeit den betreffenden sechs Klassen zugeordnet werden (Tabelle 6-7).

Die Klasse 3 und die Klasse 4, die sich links und rechts von dem Mittelwert befinden, repräsentieren theoretisch zusammen 68,26% (1σ). Die rechnerische Häufigkeit für eine Klasse beträgt jeweils die Hälfte, 34,13%.

Die rechnerischen Häufigkeiten der Klassen 2, 3, 4 und 5 betragen zusammen 95,5% (2σ). Davon sind bereits für die Klassen 3 und 4 insgesamt 68,26% reserviert. Den Rest von 95,5–68,25 = 27,25 teilen sich beide Klassen 2 und 5

Tabelle 6-7. Theoretische Häufigkeit der Werte

Klasse	Klassengrenze	Theoretische Häufigkeit
1. Klasse	93,547 bis 95,888	2,1% aller Werte
2. Klasse	95,888 bis 98,234	13,625% aller Werte
3. Klasse	98,234 bis 100,580	34,130% aller Werte
4. Klasse	100,580 bis 102,926	34,130% aller Werte
5. Klasse	102,926 bis 105,272	13,625% aller Werte
6. Klasse	105,272 bis 107,618	2,1% aller Werte

Tabelle 6-8. Korrigierte Häufigkeiten

Klasse	Klassengrenze	Korrigierte theoretische Häufigkeit
1. Klasse	93,547 bis 95,888	2,245% aller Werte
2. Klasse	95,888 bis 98,234	13,625% aller Werte
3. Klasse	98,234 bis 100,580	34,130% aller Werte
4. Klasse	100,580 bis 102,926	34,130% aller Werte
5. Klasse	102,926 bis 105,272	13,625% aller Werte
6. Klasse	105,272 bis 107,618	2,245% aller Werte

zu je 13,625% auf. Nach diesem Muster kann auch die Häufigkeit für die beiden Klassen 1 und 6 berechnet werden (Tabelle 6-8).

Die Summe aller Häufigkeiten beträgt 99,71%, die Differenz zu 100% beträgt also 0,29%. Daher wird nach oben und nach unten die letzte Klasse mit je der Hälfte der Differenz, also mit 0,145%, erweitert.

Anschließend wird der Erwartungswert für jede Klasse berechnet.

Aufgrund der ermittelten und korrigierten Prozentzahlen kann der theoretische „Erwartungswert E" errechnet werden. Er berechnet sich mit Gl. (6-22):

$$E = \frac{\text{Häufigkeit in Prozent} \cdot N}{100} \qquad (6\text{-}22)$$

Für die erste Klasse gilt z. B. $N = 50$ Daten, Prozentwert 2,245%:

$$E = \frac{2,245 \cdot 50}{100} = 1,1225 \qquad (6\text{-}23)$$

Für alle Klassen ist der jeweilige Erwartungswert in Tabelle 6-9 eingetragen.

Tabelle 6-9. Erwartungswerte E

Klasse	Klassengrenze	Theoretische Häufigkeit	Erwartungswert E
1. Klasse	93,547 bis 95,888	2,245% aller Werte	1,1225
2. Klasse	95,888 bis 98,234	13,625% aller Werte	6,8125
3. Klasse	98,234 bis 100,580	34,130% aller Werte	17,0650
4. Klasse	100,580 bis 102,926	34,130% aller Werte	17,0650
5. Klasse	102,926 bis 105,272	13,625% aller Werte	6,8125
6. Klasse	105,272 bis 107,618	2,245% aller Werte	1,1225

Tabelle 6-10. Korrigierte Erwartungswerte E

Klasse	Klassengrenze	Theoretische Häufigkeit	Korrigierter Erwartungswert E
1. Klasse	kleiner als 98,234	15,87% aller Werte	7,935
2. Klasse	98,234 bis 100,580	34,13% aller Werte	17,065
3. Klasse	100,580 bis 102,926	34,13% aller Werte	17,065
4. Klasse	größer als 102,926	15,87% aller Werte	7,935

Eine Bedingung für den Test ist, daß kein Erwartungswert E kleiner als 3% sein darf. Dann müssen nebeneinanderliegende Klassen entsprechend zusammengefaßt werden. Es müssen jedoch mindestens zwei Klassen entstehen. Im Beispiel wird der Klasse 2 die Klasse 1 und der Klasse 5 die Klasse 6 zugeordnet (6,8125% + 1,1225% = 7,935%).

Danach werden die experimentell ermittelten Daten der Tabelle 6-10 den vier Klassen zugeordnet (Tabelle 6-10).

Zur Berechnung von Chi-Quadrat werden für jede Klasse die Differenzen des Erwartungswertes E vom beobachteten Wert B berechnet $(E-B)$ und quadriert $(E-B)^2$. Das Quadrat wird durch den Erwartungswert E dividiert $[(E-B)^2/E]$ und dann über alle Klassen aufsummiert (Tabelle 6-11).

$$\text{Chi} - \text{Quadrat} = \sum \frac{(E-B)^2}{E} \qquad (6\text{-}24)$$

Die Signifikanzschranke wird aus der Chi-Quadrat-Tabelle (auch χ^2-Tabelle genannt, siehe Abschnitt 13.1.6) entnommen. Es wird der Zahlenwert aus der χ^2-Tabelle für $P=95\%$ und für den Freiheitsgrad $f=k-1=4-1=3$ entnommen, wobei k die Anzahl der Klassen ist.

Tabelle 6-11. Zuordnung der Werte zu den Klassen

Klasse	Klassengrenze	Theoretische Häufigkeit	Korrigierte Erwartungswerte (E)	Gezählte Werte der Meßreihe (B)
1. Klasse	kleiner als 98,234	15,87%	7,935	7
2. Klasse	98,234 bis 100,580	34,13%	17,065	20
3. Klasse	100,580 bis 102,926	34,13%	17,065	15
4. Klasse	größer als 102,926	15,87%	7,935	8

Die Signifikanzschranke ist für das Beispiel (95%, $f = 3$) = 7,83.

Wenn der berechnete Chi-Quadrat-Wert *größer* als der Tabellenwert ist, wird die Nullhypothese H_0 abgelehnt. Dann wäre die Aussage zulässig, daß die Reihe *nicht* normalverteilt ist.

In unserem Beispiel ist der berechnete Chi-Quadrat-Wert (0,866) *kleiner* als der Tabellenwert (7,83), somit kann die Nullhypothese H_0 *nicht* abgelehnt werden. Es wird akzeptiert, daß die Reihe normalverteilt ist, weil das Gegenteil nicht nachgewiesen werden kann (Tabelle 6-12).

Tabelle 6-12. Berechnung von Chi-Quadrat

Klasse	Klassengrenze	Korrigierter Erwartungswert E	Gezählte Werte der Meßreihe	$\dfrac{(E - B)^2}{E}$
1. Klasse	kleiner als 98,234	7,935	7	0,110
2. Klasse	98,234 bis 100,580	17,065	20	0,505
3. Klasse	100,580 bis 102,926	17,065	15	0,250
4. Klasse	größer als 102,926	7,935	8	0,001
			Summe Chi-Quadrat	**0,866**

6.6 Trendtest nach Neumann

Trends aufzuspüren ist in der analytischen Chemie von sehr großer Wichtigkeit. Manche Fehler können auf diesem Weg relativ leicht aufgespürt werden. Dazu hilft zum einen die gewissenhafte Führung einer Regelkarte, zum anderen die

Durchführung einfacher Trendtests. Als Voraussetzung sollten idealerweise mehr als 15 Werte vorhanden sein und die Werte müssen normalverteilt sein.

Beim Trendtest nach Neumann [15] werden zunächst die Differenzen von zwei benachbarten Messungen einer Meßreihe quadriert und alle Quadrate aufsummiert. Die Summe der Quadrate wird durch den Freiheitsgrad f dividiert (Gl. 6-25).

$$\Delta^2 = \frac{\sum (x_i - x_{(i+1)})^2}{N - 1} \tag{6-25}$$

Als nächstes wird die Varianz der Meßreihe berechnet. Die Berechnung der Varianz wird mit Gl. (6-26) vorgenommen.

$$s_x^2 = \frac{\sum (x_i - \bar{x})^2}{N - 1} \tag{6-26}$$

Der Δ^2-Wert wird durch die Varianz s_x^2 der Reihe dividiert und ergibt die Prüfgröße PG nach Gl. (6-27):

$$PG = \frac{\Delta^2}{s_x^2} \tag{6-27}$$

Faßt man Gl. (6-26) und (6-27) zusammen, kann die Prüfgröße PG direkt mit Gl. (6-28) berechnet werden.

$$PG = \frac{\sum (x_i - x_{(i+1)})^2}{\sum (x_i - \bar{x})^2} \tag{6-28}$$

Die Prüfgröße PG wird mit einer Signifikanzschranke nach Neumann (siehe Abschnitt 13.1.7) verglichen (empfohlen mit $P = 99\%$, N). Die Nullhypothese H_0 wird so festgelegt, daß aufeinanderfolgende Werte unabhängig sind, d.h. es liegt kein Trend vor. Die Nullhypothese H_0 muß dann aufgegeben werden (es liegt ein Trend vor!), wenn die Prüfgröße PG *kleiner* als die Signifikanzschranke wird. Es kann *kein* Trend nachgewiesen werden, wenn die Prüfgröße *größer* als der Tabellenwert ist.

Beispiel: Von einer haltbaren Stammlösung wird jeden Tag die Extinktion bestimmt. Die Meßdauer beträgt 22 Tage. Es wird von Normalverteilung ausgegangen.

Der Extinktionsmittelwert aller Messungen beträgt 0,7892. Die Werte sind aus der Abb. 6-4 erkennbar. Nullhypothese H_0: Es ist von unabhängigen Werten auszugehen (kein Trend!).

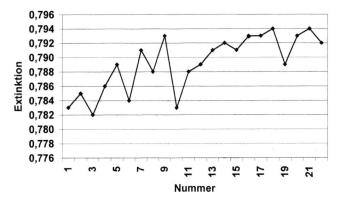

Abb. 6-4. Trend der Werte nach Tabelle 6-12

$$PG = \frac{0,000329}{0,00031486} = 1,0449 \qquad (6\text{-}29)$$

Der Tabellenwert (siehe Abschnitt 13.1.7) nach Neumann mit $P=99\%$ und $N=22$ beträgt 1,0785. Da die Prüfgröße PG *kleiner* ist als der Tabellenwert, muß die Nullhypothese H_0 aufgegeben werden, *es ist von einem Trend* auszugehen.

6.7 Übungsaufgaben

1. Aufgabe:
Überprüfen Sie mit dem Schnelltest nach David, ob die Verteilung der folgenden Werte als Normalverteilung akzeptiert werden kann ($P=90\%$).

23 25 26 20 23 24 18 22 22 25 26
26 26 19 20 20 24 25 26 28 20 22

2. Aufgabe:
Die folgende Datenreihe ist auf Ausreißer zu untersuchen:

12,5   14,3   11,3   13,4   16,4   13,9   12,4   13,9   11,8

a) nach Nalimov ($P=95\%$)
b) nach Dixon ($P=95\%$)
c) nach Grubbs ($P=95\%$)

Bevor die Tests angewendet werden, soll nach David geprüft werden, ob bei der Datenreihe eine Normalverteilung akzeptiert werden kann.

Bewerten Sie die drei Diagnosen.

3. Aufgabe:

Die Bestimmung eines Konservierungsmittels in einem Lebensmittel mit zwei verschiedenen Methoden ergab folgende Werte:

Methode 1 (µg/100 g)	Methode 2 (µg/100 g)
119,4	118,5
120,4	127,3
115,8	122,5
120,3	129,7
122,3	119,4
126,4	127,6
117,5	129,5

Sind die beiden Stichprobenreihen als identisch anzusehen?

Dazu sollten beide Datenreihen zunächst auf die Akzeptanz von Normalverteilung nach David ($P=90\%$) und auf mögliche Ausreißer nach Grubbs ($P=95\%$) getestet werden. Danach ist ein Varianzen-F-Test ($P=99\%$) und Mittelwert-t-Test ($P=99\%$) durchzuführen. Sind beide Stichprobenreihen als identisch anzusehen, können beide Reihen zusammengeführt und der gemeinsame Mittelwert sowie der Vertrauensbereich VB ($P=95\%$)berechnet werden.

4. Aufgabe:

Bei Untersuchungen an einem identischen Material an verschiedenen Tagen erhielt man folgende Analysenergebnisse (in %):

13,1   13,1   13,0   12,9   13,4   13,4   13,5   13,2   12,9   13,4
13,4   13,5   13,5   13,5   13,5   13,7   13,7   13,3

Testen Sie nach Neumann mit $P=99\%$, ob ein Trend signifikant nachgewiesen werden kann.

Die Ergebnisse der vier Aufgaben finden Sie im Kapitel 13.

7 Kalibrierungsstrategien

Viele Analysenmethoden bedürfen einer vorherigen Kalibrierung, um aus einem Meßwert ($\hat{y}$-Wert) einen Konzentrationswert ($\hat{x}$-Wert) zu berechnen. Da der Meßwert $\hat{y}$ je nach physikalischem Meßprinzip gemessen und vom Registriergerät ausgewertet wird, nennt man die Größe allgemein „Signalgröße". Es könnte sich dabei je nach Verfahren z. B. um eine Peakfläche, um eine Extinktion oder um eine elektrische Leitfähigkeit handeln. Solche Verfahren, die Signalgrößen über einen Kalibrieransatz zu den gewünschten Konzentrationsgrößen umrechnen, nennt man „indirekte Verfahren".

In früheren Publikationen wurde das Kalibrierverfahren „Eichen" genannt. Da aber nur amtliche Stellen (z. B. das „Eichamt") Eichungen aller Art vornehmen dürfen, bleiben wir in diesem Buch bei dem allgemeinen Begriff „Kalibrieren".

Die Mehrpunktkalibrierung wird gewöhnlich so durchgeführt, daß mehrere Kalibrierlösungen (Standards) nach allgemein gültigen Verfahren hergestellt werden und diese Kalibrierlösungen mit dem verwendeten Analysenverfahren untersucht werden. Die erhaltenen Signalgrößen y (z. B. Extinktion, Peakfläche, Leitfähigkeit usw.) werden als abhängige Größe der unabhängigen Größe Konzentration x gegenübergestellt. Der Anwender muß nun versuchen, mit Hilfe der Daten ein gültiges mathematisches Modell für die Abhängigkeiten der Größen y von x zu entwickeln und gleichzeitig die Gültigkeitsgrenzen des Modells zu beschreiben. Dabei ist, falls möglich, eine lineare Bewertung (gerades Kalibriersystem) vorzuziehen [1].

Die Linearität eines analytischen Verfahrens ist die Fähigkeit, innerhalb eines Arbeitsbereiches Signale zu erzielen, die der Stoffportion oder der Konzentration des Analyten in einer Probe direkt proportional sind. Für den Begriff „Linearität" wird auch häufig die allgemeinere Bezeichnung „Analytical Response" gewählt, weil eine lineare Abhängigkeit keine unmittelbare Forderung darstellt. Ein mathematisches Modell zur Ermittlung der Kalibrierfunktion und zur Beschreibung der Leistungsfähigkeit der angenommenen linearen Strategie ist die sogenannte Regressionsanalyse. Manche analytischen Methoden können jedoch durch eine lineare Abhängigkeit nicht einwandfrei beschrieben werden. Dann ist entweder eine mathematische Transformation durchzuführen oder ein

Regressionsmodell höheren Grades aufzustellen und zu prüfen, ob dadurch gegenüber der linearen Regression ein signifikant besseres Ergebnis erzielt wird. Durch Einengung des Arbeitsbereiches oder durch andere, wissenschaftlich fundierte Methoden kann man oft erreichen, daß eine lineare Kalibrierung akzeptabel wird. Dazu gehört es z. B., das Lösemittel zu wechseln oder das Arbeitsverfahren zu optimieren.

Nach der Erstellung und Überprüfung der Kalibrierfunktion wird die eigentliche Probenlösung, die die zu analysierende Substanz enthält, unter den gleichen Bedingungen wie bei der Messung der Kalibrierlösungen vermessen. Mit Hilfe dieses Meßergebnisses und der Kalibrierfunktion kann die Probenkonzentration berechnet werden. Nicht immer muß die beschriebene vollständige Kalibration vorgenommen werden. Zunächst muß durch eine „Methodenvalidierung" überprüft werden, ob das angewendete Verfahren analysentauglich ist, d. h., daß bei der Analyse die notwendige Richtigkeit und Präzision erhalten wird. Dazu sind die in diesem Kapitel beschriebenen statistischen Ansätze anwendbar. Im Routinebetrieb genügen dann einfachere Systemüberprüfungsschritte, um die notwendigen Qualitätsanforderungen zu erbringen und nachzuweisen.

Bei Kalibrierungsverfahren geben zwei Vorgaben Hilfestellung für den Analytiker:

- DIN 38402 (Teil 51): Deutsche Verfahren zur Wasser-, Abwasser und Schlammuntersuchung (A51), Abschnitt 5.1.3, Linearitätstest (1986).
- ICH (International Conference on the Harmonisation of Technical Requirements for the Registration of Pharmaceuticals for Human Use), Q2B: Analytical Validation-Methodology (1996).

Während die DIN-Norm 38402 bewährte Durchführungen und Strategien aus der Wasseranalytik beschreibt, wurde der ICH-Prozeß initiiert, um die Anforderungen für die Zulassung von Arzneimitteln in Europa, Japan und den USA anzugleichen. Die ICH-Guide-Lines definieren die Anforderungen an die Validierung analytischer Prüfverfahren als Bestandteil der Zulassungsunterlagen. Die dort beschriebenen Vorgehensweisen bestimmen den Analytiker als Verantwortlichen, der geeignete Prüfverfahren, Bedingungen und Auswerteverfahren auszuwählt, die für das Prüfverfahren sinnvoll sind.

Bei der Herstellung von Kalibrierlösungen zum Zwecke der Methodenvalidierung sollten folgende Arbeitsbedingungen eingehalten werden [1]:

- Die Kalibrierlösungen sind dem gleichen Verfahren, also auch der Probenvorbereitung, zu unterwerfen, wie die später zu untersuchende Probenlösung.
- Es sollten mindestens sechs (ICH: fünf), besser zehn Kalibrierlösungen hergestellt werden („10-Punkt-Kalibrierung").
- Die Kalibrierlösungen werden vollständig unabhängig oder ersatzweise durch unabhängige Verdünnungsschritte aus einer „Stammlösung" hergestellt. Die

Herstellung von Kalibrierlösungen durch sukzessive Verdünnungsschritte ist nicht zu empfehlen.

- Die Konzentrationsintervalle der 5–10 Kalibrierlösungen sollten equidistant, also mit immer gleichem Konzentrationsunterschied, hergestellt werden.
- Der Arbeitsbereich, also der Bereich zwischen der niedrigsten und der höchsten Konzentration, sollte so gelegt werden, daß sich die zu erwartende Konzentration der Probe in der Mitte des Arbeitsbereiches befindet.
- Der Arbeitsbereich sollte dem praxisbezogenen Ziel angepaßt sein. Die Herstellung einer Kalibrierlösung, deren Konzentration sich unter der „Bestimmungsgrenze" befindet, ist z. B. nicht sinnvoll.

Die Vorgehensweise zur Festlegung der geeigneten Kalibrierstrategie und des geeigneten mathematischen Modells ist:

1. Die Überprüfung der *Varianzenhomogenität* von Signalen, die die verdünnteste und die konzentrierteste Kalibrierlösung aufweisen. Die Varianzenhomogenität wird über den F-Test überprüft (siehe Abschnitt 7.1).

2. Ist die Varianzenhomogenität akzeptiert, werden die Kalibrierlösungen und die Probenlösung hergestellt.

3. Alle Lösungen werden unter den gleichen Bedingungen mit dem gleichen Analysenverfahren gemessen.

4. Bei nachgewiesener Varianzenhomogenität wird die Abhängigkeit der Meßgröße von der Konzentration zuerst über den linearen Ansatz mathematisch behandelt („*lineare Regression*"). Es werden die Kenngrößen:
   - Steigung der Geraden m
   - Ordinatenabschnitt b
   - Geradengleichung $y = m \cdot x + b$
   - Reststandardabweichung s_y
   - absolute Verfahrensstandardabweichung s_{x0}
   - relative Verfahrensstandardabweichung V_{x0}
   berechnet (siehe Abschnitt 7.2).

5. Mit Hilfe der erhaltenen Daten kann als Ergänzung eine visuelle Residualanalyse vorgenommen werden (siehe Abschnitt 7.6.2).

6. Mit den gleichen Daten wird eine Untersuchung über einen quadratischen Ansatz (quadratische Regression) vorgenommen. Dabei werden dieselben Kenngrößen wie unter 4. ermittelt, diesmal jedoch unter quadratischen Bedingungen. Zusätzlich zum linearen Ansatz wird bei der quadratischen Betrachtung das quadratische Glied $n \cdot x^2$ in der Kalibriergleichung ermittelt: $y = n \cdot x^2 + m \cdot x + b$. In Abschnitt 7.3 wird diese quadratische Regression beschrieben.

7. Mit Hilfe des sogenannten *Mandel-Tests* wird überprüft, welches der beiden Regressionsmodelle akzeptiert werden kann (siehe Abschnitt 7.4).

8. Stellt sich heraus, daß das quadratische Modell das leistungsfähigere Modell ist, sollte versucht werden, durch Einengung des Arbeitsbereiches oder durch Änderungen der Analysenbedingungen eine lineare Strategie durchzusetzen (siehe Abschnitt 7.5).

9. Schließlich muß eine Strategie akzeptiert werden, die zur Festschreibung der Kalibrierfunktion führt.

10. Der letzte Schritt ist die Berechnung der Probenkonzentration und des dazugehörigen Prognoseintervalls (siehe Abschnitt 7.7).

Das folgende Beispiel soll die genaue Vorgehensweise aufzeigen.

Bei der quantitativen HPLC-Bestimmung von Paracetamol in einer Mehrkomponenten-Schmerztablette mit Hilfe des externen Standards, wird die Tablette in heißem Wasser gelöst, nach dem Abkühlen aufgefüllt und filtriert. Das Filtrat wird weiter verdünnt und 20 µL der Lösung in den Injektor eines HPLC-Gerätes injiziert. In der Säule werden die Begleitstoffe getrennt. Es entsteht durch die Detektion mit einem UV-Detektor ein deutlicher Paracetamol-Peak, dessen Fläche nach der Methode des „äußeren Standards" ausgewertet wird.

Zur Kalibrierung werden nach gleicher Arbeitsvorschrift sieben equidistante Kalibrierlösungen im Gehalt von 1,00 bis 3,00 mg/L (Arbeitsbereich) hergestellt und nach dem Analysenlauf deren Peakfläche gemessen. Auf Varianzenhomogenität ist zu prüfen.

Das optimale Regressionsverfahren soll über den Mandel-Anpassungstest ausgewählt werden.

7.1 Überprüfung der Varianzenhomogenität

Ein analytisches Analysenverfahren muß für den ganzen vom Analytiker gewählten Arbeitsbereich gleich gut präzise sein. Bei der niedrigsten Konzentration darf die Streuung der Analysenwerte nicht größer sein als bei der höchsten Konzentration. Daher wird zur Absicherung des Arbeitsbereiches (1,00 bis 3,00 mg/L) die Streuung der Ergebnisse von Mehrfachbestimmungen jeweils beim untersten und beim obersten Konzentrationsniveau untersucht. Dabei wird geprüft, ob sich die Streuung der beiden Meßreihen („unten" und „oben") signifikant voneinander unterscheiden. Ist das der Fall, liegt eine Varianzeninhomogenität vor. Die Meßmethode ist nicht über den ganzen Meßbereich präzise.

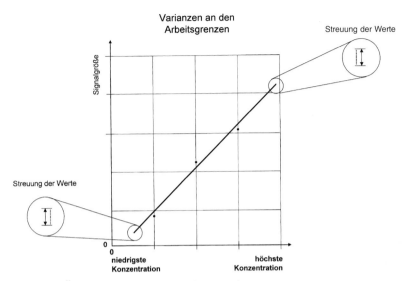

Abb. 7-1. Überprüfung der Varianzenhomogenität

Da in der Analytik von Pharmaka der Arbeitsbereich meistens sehr begrenzt ist, kann häufig auf eine Überprüfung der Varianzhomogenität verzichtet werden.

Zur Überprüfung der Varianzenhomogenität [3] werden 6–10 Lösungen mit der niedrigsten Konzentration (1,0 mg/L Paracetamol) und 6–10 Lösungen mit der höchsten Konzentration (3,0 mg/L Paracetamol) unabhängig voneinander hergestellt, und nach dem Analysenlauf von jeder Lösung die Peakfläche bestimmt (Abb. 7-1). Es wird angenommen, daß die erhaltenen Meßwerte normalverteilt um einen Mittelwert streuen. Das Maß für die Streuung ist die Varianz. Beide Streuungen werden über den Varianzen-*F*-Test abgeglichen. Es wird überprüft, ob der Unterschied in den Varianzen nur „zufällig" oder „signifikant" ist.

Sind die Varianzen zwischen „oben" und „unten" signifikant unterschiedlich, sollte überprüft werden, ob am unteren oder oberen Arbeitsbereichsende die Varianz größer ist. Nach oben sind die Meßwerte auf einen Grenzwert (z. B. Säulen- oder Detektorüberlastung) beschränkt, der vielleicht bereits überschritten ist. Nach unten wird die erhöhte Streuung der Signale oft durch das sogenannte „Geräterauschen" erhalten.

Nach der Einschränkung oder Vergrößerung des Arbeitsbereiches ist nochmalig auf Varianzenhomogenität zu überprüfen. Folgende Werte wurden für unser Beispiel gefunden (Tabelle 7-1):

Tabelle 7-1. Meßwerte nach dem Analysenlauf für die Varianzenhomogenität

Nummer	Lösungen mit 1,00 mg/L Paracetamol Peakfläche y_i	Lösungen mit 3,00 mg/L Paracetamol Peakfläche y_i
1	241689	941112
2	239473	931553
3	239195	933578
4	244445	927234
5	240567	942183
6	237113	952735
7	239564	944152
8	244673	931947
9	241673	929721
10	237884	920336
Mittelwert $\bar{y}$	240627,6	935455,1
Standardabweichung s	2528,885	9496,235

Die Berechnung der Varianz erfolgt mit Gl. (7-1):

$$s^2 = \sqrt{\frac{\Sigma(y_i - \bar{y})^2}{N - 1}} \qquad (7\text{-}1)$$

In Gl. (7-1) bedeutet:

s^2 Varianz der Extinktionswerte
y_i Extinktionswerte der Lösung 1 bis 10
$\bar{y}$ Mittelwert der Extinktionen
N Anzahl der Meßwerte (10)

Aus den Quadraten der Standardabweichungen, den Varianzen, berechnet sich die Prüfgröße nach Gl. (7-2), wobei die größere Varianz immer im Zähler des Bruches steht und diese Reihe den Index 1 erhält.

$$PG = \frac{s_1^2}{s_2^2} \ (s_1^2 > s_2^2, \ PG \geq 1) \qquad (7\text{-}2)$$

$$PG = \frac{9496{,}235^2}{2528{,}885^2} = \underline{14{,}101} \qquad (7\text{-}3)$$

$$f_1 = N_1 - 1 = 9 \quad \text{und} \quad f_2 = N_2 - 1 = 9 \qquad (7\text{-}4)$$

Der Wert aus der F-Tabelle ist mit $F\,(P=99\%, f_1, f_2)$ zu entnehmen [3] und mit der Prüfgröße PG zu vergleichen. Der Wert beträgt nach der F-Tabelle $F\,(P=99\%, 9, 9)=5{,}35$.

Diagnose: Da die Prüfgröße PG *größer* ist als der F-Wert, ist der Varianzenunterschied signifikant, die Varianzen sind inhomogen. Die Meßwerte der höherkonzentrierten Lösung streuen signifikant stärker als die der niedrig konzentrierten Lösung. Da die Varianz der höher konzentrierten Lösung deutlich größer ist als die Varianz der niedrig konzentrierten Lösung, liegt der Verdacht nahe, daß der Gültigkeitsbereich des Systems bereits überschritten ist. Daher muß der Arbeitsbereich solange eingeengt werden, bis die Varianzenhomogenität akzeptiert werden kann. Die obere Bereichsgrenze wird auf 2,5 mg/L abgesenkt, 10 neue Lösungen mit dieser Konzentration werden hergestellt und deren Peakfläche gemessen.

Die neuen Werte sind in Tabelle 7-2 aufgeführt.

Tabelle 7-2. Neue Meßwerte

Nummer	Lösungen mit 1 mg/L Paracetamol Peakfläche	Lösungen mit 2,5 mg/L Paracetamol Peakfläche
1	241689	761211
2	239473	763562
3	239195	763553
4	244445	757999
5	240567	764110
6	237113	764007
7	239564	761671
8	244673	756976
9	241673	758992
10	237884	766011
Mittelwert $\bar{x}$	240627,6	761809,2
Standardabweichung s	2528,885	2982,975

Die Berechnung der Varianzen und der Prüfgröße erfolgt nach Gl. (7-1) und (7-2) und führt zu Gl. (7-5):

$$PG = \frac{2982,975^2}{2528,885^2} = \underline{1,391} \tag{7-5}$$

Der tabellierte *F*-Wert mit F ($P=99\%$, 9, 9) beträgt 5,35. Die Prüfgröße *PG* ist kleiner als der tabellierte *F*-Wert, signifikante Varianzenunterschiede können für diesen Arbeitsbereich *nicht* nachgewiesen werden, es ist von Varianzenhomogenität in diesem Arbeitsbereich auszugehen.

7.2 Lineare Regression

Ziel der linearen Regression ist es, eine „Ausgleichsgerade" zu finden, die die Abhängigkeit der Extinktion von der Konzentration optimal, d. h. am wenigsten fehlerhaft, beschreiben kann. Als Basis für die lineare Regression dienen die erhaltenen Meßwerte (y) in Abhängigkeit von der Konzentration (x) der Kalibrierlösungen.

Es wird die gerade Kennlinie berechnet, bei der die *Summe* aller Abweichungsquadrate der Meßwerte in y-Richtung von der Ausgleichsgerade *den niedrigsten Wert* einnimmt. Die Abweichungen in y-Richtung werden „Reste" oder „Residuen" genannt (Abb. 7-2). Eine Ausgleichsgerade bedeutet also *nicht* eine fehlerfreie Gerade, sie soll aber die gemessenen Werte optimal einbinden.

Eine gerade Kennlinie kann durch die Geradengleichung beschrieben werden. Sie lautet:

$$y = m \cdot x + b \tag{7-6}$$

In Gl. (7-6) bedeutet:

y abhängige Größe, Meßwert, z. B. die Peakfläche
x unabhängige Größe, Konzentration, z. B. der Paracetamolgehalt in mg/L
m Steigung der Geraden
b Ordinatenabschnitt

Sind die beiden Parameter m und b der Geradengleichung bekannt, kann von jedem Signalwert ($\hat{y}_i$, Peakfläche) die dazugehörige Konzentration ($\hat{x}_i$) berechnet werden. Dazu wird Gl. (7-6) nach $\hat{x}_i$ umgestellt (Gl. 7-7):

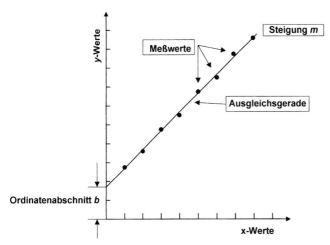

Abb. 7-2. Ausgleichsgerade mit Hilfe der linearen Regression

$$\hat{x}_i = \frac{\hat{y}_i - b}{m} \qquad (7\text{-}7)$$

Ziel der linearen Regression ist es, aus den vorliegenden x/y-Wertepaaren nach der Messung der Kalibrierlösungen mit dem betreffenden Analysenverfahren die beiden Parameter m und b zu berechnen. Dazu dienen die Gl. (7-8) bis (7-12).

$$m = \frac{\Sigma(x_i \cdot y_i) - \left[\dfrac{\Sigma y_i \cdot \Sigma x_i}{N}\right]}{\Sigma x_i^2 - \dfrac{(\Sigma x_i)^2}{N}} \qquad (7\text{-}8)$$

Der Wert im Zähler der Gl. (7-8) wird zusammengefaßt als Q_{xy}-Wert:

$$Q_{xy} = \Sigma(x_i \cdot y_i) - \left[\frac{\Sigma y_i \cdot \Sigma x_i}{N}\right] \qquad (7\text{-}9)$$

Den Wert im Nenner der Gl. (7-8) nennt man Q_{xx}-Wert:

$$Q_{xx} = \Sigma x_i^2 - \frac{(\Sigma x_i)^2}{N} \qquad (7\text{-}10)$$

Die relativ unübersichtliche Gl. (7-8) zur Berechnung der Steigung m wird vereinfacht zu Gl. (7-11):

$$m = \frac{Q_{xy}}{Q_{xx}} \tag{7-11}$$

Der Ordinatenabschnitt b berechnet sich mit Gl. (7-12):

$$b = \bar{y} - m \cdot \bar{x} \tag{7-12}$$

Die in Gl. (7-12) enthaltenen Mittelwerte $\bar{x}$ und $\bar{y}$ sind die Arbeitsbereichsmitten in Signal- und Konzentrationsrichtung. Sie werden mit den Gl. (7-13) und (7-14) berechnet:

$$\bar{x} = \frac{\Sigma x_i}{N} \tag{7-13}$$

$$\bar{y} = \frac{\Sigma y_i}{N} \tag{7-14}$$

Der Parameter m, die Steigung der Gerade, ist ein Maß für die Empfindlichkeit E des Verfahrens. Je größer die Steigung der Geraden ist, um so höher ist die Empfindlichkeit des Verfahrens. Durch das nachfolgende Beispiel soll dieser Sachverhalt erläutert werden:

Nehmen wir an, daß eine Eisenprobe mit einer Konzentration von 1 mg/100 mL mit zwei unterschiedlichen Verfahren bestimmt werden kann. Bei beiden Verfahren wird eine Kalibriergerade mit unterschiedlicher Steigung m_1 und m_2 erstellt (Abb. 7-3). Anschließend wird die Probe von 1,0 auf 1,1 mg/100 mL Eisen aufgestockt. Das Verfahren mit der größeren Steigung E liefert den größten Signalzuwachs Δy, es ist empfindlicher. Geringe Konzentrationsunterschiede ergeben bei hohen Empfindlichkeiten bereits deutliche Signalgrößenunterschiede. Daher kann die Steigung m bei dem linearen Lösungsansatz als ein Maß für die Empfindlichkeit E angesehen werden [3].

Der Parameter b, der Ordinatenabschnitt bei der Konzentration $c = 0$, wird häufig als „kalibrierter Blindwert y_B" bezeichnet. Bei jeder Durchführung der Kalibrierung ist die ermittelte Kalibrierfunktion immer nur eine Abschätzung. Es stellt sich dann die Frage, ob die beiden Parameter m und b die Geradenfunktion richtig beschreiben, d. h. ob die Abschätzung für die „richtige" Funktion akzeptabel ist.

Die Präzision der linearen Regression wird durch die sogenannte Reststandardabweichung s_y ausgedrückt [3]. Darunter versteht man das Maß für die Streuung der Residuen, also der Streuung der Signalwerte in y-Richtung um die Ausgleichsgerade.

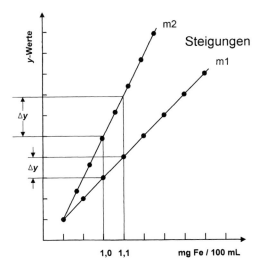

Abb. 7-3. Steigung und Empfindlichkeit

Berechnet wird die Reststandardabweichung s_y mit Gl. (7-15):

$$s_y = \sqrt{\frac{\Sigma[y_i - (m \cdot x_i + b)]^2}{N - 2}} = \sqrt{\frac{Q_{xx} - \dfrac{Q_{xy}^2}{Q_{xx}}}{N - 2}} \qquad (7\text{-}15)$$

In Gl. (7-15) bedeutet:

y_i	Signalwert (Extinktion)
x_i	Konzentrationswert
m	Steigung der Ausgleichsgeraden
b	Ordinatenabschnitt
N	Anzahl der Meßwerte

Je größer die Reststandardabweichung s_y ist, um so mehr streuen die Residuen. Im Zähler der Gl. (7-15), linke Seite, bedeutet der Term $y_i - (m \cdot x_i + b)$ die Differenz des Meßwertes von der Ausgleichsgeraden in y-Richtung (Abb. 7-4), die sogenannten Residuen.

Lägen alle Wertepaare genau auf der Ausgleichsgeraden, ist die Summendifferenz in y-Richtung $\Sigma y_i - (m \cdot x_i + b) = 0$ und damit auch die Reststandardabweichung $s_y = 0$.

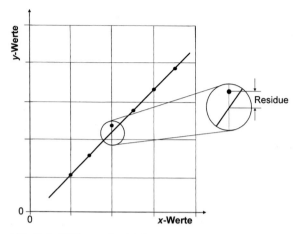

Abb. 7-4. Differenz des Meßwertes von der Ausgleichsgeraden (Residuen)

Angenommen, es wären 7 Meßwerte vorhanden und der Abstand zwischen der Ausgleichsgeraden und jedem Meßwert in y-Richtung wäre immer alternierend +1 und –1 (Residuen, siehe Abb. 7-5). Dann wäre die Reststandardabweichung s_y nach Gl. (7-16):

$$s_y = \sqrt{\frac{1^2 + 1^2 + 1^2 + 1^2 + 1^2 + 1^2 + 1^2}{7 - 2}} = \underline{1,183} \qquad (7\text{-}16)$$

Beträgt der Abstand in y-Richtung von der Ausgleichsgeraden alternierend +2 und –2, wäre die Reststandardabweichung (Abb. 7-6):

$$s_y = \sqrt{\frac{2^2 + 2^2 + 2^2 + 2^2 + 2^2 + 2^2 + 2^2}{7 - 2}} = \underline{2,366} \qquad (7\text{-}17)$$

Die Reststandardabweichung s_y kann als Maß für die Anpassungspräzision der Ausgleichsgeraden an die Meßwertpaare aufgefaßt werden.

Die Reststandardabweichung s_y und die Empfindlichkeit E (Steigung der Geraden m) werden zusammengefaßt zu einem gütebestimmenden Kennwert, der Verfahrensstandardabweichung s_{x0}:

$$s_{x0} = \frac{s_y}{m} \qquad (7\text{-}18)$$

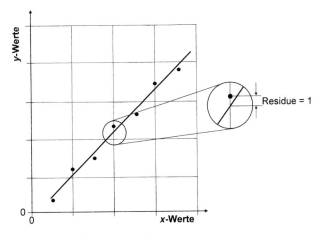

Abb. 7-5. Residuen immer alternierend +1 und –1

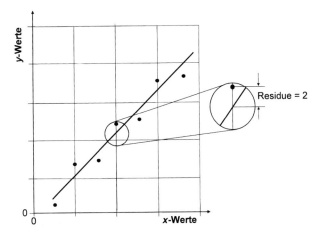

Abb. 7-6. Residuen immer alternierend +2 und –2

> *Bei gleicher Reststandardabweichung s_y liefert das Verfahren die bessere Güte (die geringere Verfahrensstandardabweichung s_{x0}), dessen Empfindlichkeit E höher ist.*

Eine weitere abgeleitete statistische Kenngröße bei der Kalibrierungsbewertung ist die *relative Verfahrensstandardabweichung* V_{x0}. Sie bezieht die Verfahrensstandardabweichung s_{x0} auf die Mitte des Konzentrationsbereiches $\bar{x}$ nach Gl. (7-19).

$$V_{x0} = \frac{s_{x0} \cdot 100\%}{\bar{x}} \tag{7-19}$$

Beide Verfahrensstandardabweichungen, s_{x0} und V_{x0}, sind jedoch nur Schätzwerte. Bei Wiederholung der Kalibrierung wird man immer etwas andere Werte erhalten. Mittels Varianzen-F-Test kann jedoch geprüft werden, ob sich die Varianzen, die man bei mehreren parallelen Kalibrierungen ermittelt, signifikant oder nur zufällig voneinander unterscheiden.

Die Kalibrierungsmethode soll an dem Paracetamolbeispiel demonstriert werden, dessen Varianzenhomogenität im vorigen Abschnitt bereits nachgewiesen wurde. Es ist zu beachten, daß bei der Berechnung mancher Daten aus Übersichtsgründen einige Stellen abgerundet wurden. Das Ergebnis wird dadurch nicht verfremdet.

Alle folgenden Berechnungen dienen ausschließlich zur Darstellung des statistischen Hintergrundes. Für die Bearbeitung realer Daten sollten geeignete Statistikpakete, wie z. B. MVA® oder SQS®, verwendet werden.

Es werden sieben equidistante Kalibrierlösungen von 1,0 bis 2,5 mg Paracetamol/L hergestellt und nach dem HPLC-Lauf deren Peakfläche gemessen (Spalten 1 und 2 der Tabelle 7-3). Zur Berechnung der Quadratsummen Q_{xx}, Q_{xy} und Q_{yy} werden die Quadrate x_i^2, y_i^2 und das Produkt $x_i \cdot y_i$ berechnet und aufsummiert.

Tabelle 7-3. Berechnung der Quadrate und des Produktes

Nummer	Konzentration an Paracetamol x_i mg/L (1)	Peakfläche y_i (2)	x_i^2 (1)·(1)	y_i^2 (2)·(2)	$x_i \cdot y_i$ (1)·(2)
1	1,00	240627	1,0000	57901353129	240627,00
2	1,25	311476	1,5625	97017298576	389345,00
3	1,50	389122	2,2500	151415930884	583683,00
4	1,75	471122	3,0625	221955938884	824463,50
5	2,00	553865	4,0000	306766438225	1107730,00
6	2,25	645983	5,0625	417294036289	1453461,75
7	2,50	761809	6,2500	580352952481	1904522,50
Summe	12,25	3374004	23,1875	1832703948468	6503832,75
Zeichen	Σx_i	Σy_i	Σx_i^2	Σy_i^2	$\Sigma(x_i \cdot y_i)$

Die Bereichsmitten errechnen sich nach Gl. (7-20) und (7-21):

$$\bar{x} = \frac{\Sigma x_i}{N} = \frac{12,25}{7} = \underline{1,75 \text{ mg/L}} \quad \text{und} \tag{7-20}$$

$$\bar{y} = \frac{\Sigma y_i}{N} = \frac{3374004}{7} = \underline{482000,57} \tag{7-21}$$

Die Berechnung der Quadratsummen ergibt:

$$Q_{xx} = \Sigma x_i^2 - \frac{(\Sigma x_i)^2}{N} = 23,1875 - \frac{12,25^2}{7} = \underline{1,75} \tag{7-22}$$

$$Q_{yy} = \Sigma y_i^2 - \frac{(\Sigma y_i)^2}{N} = 1832703948468 - \frac{3374004^2}{7}$$
$$= \underline{206432092465,714} \tag{7-23}$$

$$Q_{xy} = \Sigma(x_i \cdot y_i) - \left[\frac{\Sigma y_i \cdot \Sigma x_i}{N}\right] = 6503832,75$$
$$- \frac{3374004 \cdot 12,25}{7} = \underline{599325,75} \tag{7-24}$$

Die Steigung m der Geraden (Empfindlichkeit E) läßt sich mit Gl. (7-25) ermitteln:

$$m = \frac{Q_{xy}}{Q_{xx}} = \frac{599325,75}{1,75} = \underline{342\,471,8571} \tag{7-25}$$

Der Ordinatenabschnitt b wird mit Gl. (7-26) berechnet:

$$b = \bar{y} - m \cdot \bar{x} = 482\,000,571 - 342\,471,8571 \cdot 1,75 = \underline{-117\,325,17857}$$
$$\tag{7-26}$$

Die Gleichung der Ausgleichsgeraden lautet demnach:

$$y = 342\,471,8571 \cdot x + (-117\,325,17857) \tag{7-27}$$

Die Reststandardabweichung s_y beträgt nach Gl. (7-15)

$$s_y = \sqrt{\frac{Q_{yy} - \frac{Q_{xy}^2}{Q_{xx}}}{N - 2}} = \sqrt{\frac{206432092465{,}7140 - \frac{599325{,}75^2}{1{,}75}}{7 - 2}}$$

$$= \underline{15361{,}5743} \qquad (7\text{-}28)$$

Die Verfahrensstandardabweichung s_{x0} wird nach Gl. (7-18) berechnet (s. Gl. 7-29).

$$s_{x0} = \frac{s_y}{m} = \frac{15361{,}5743}{342471{,}8571} = \underline{0{,}04485} \qquad (7\text{-}29)$$

Die relative Verfahrensstandardabweichung V_{x0} (s. Gl. 7-19) beträgt:

$$V_{x0} = \frac{s_{x0}}{\overline{x}} \cdot 100\% = \frac{15361{,}5743}{342471{,}8571} \cdot 100\% = \underline{2{,}563\%} \qquad (7\text{-}30)$$

Die grafische Darstellung der Wertepaare und der Ausgleichsgeraden zeigt Abb. 7-7.

Ob die durchgeführte lineare Anpassungsgleichung akzeptabel ist, kann bisher noch nicht entschieden werden. Dazu wird im Vergleich zur linearen Regression im nächsten Abschnitt mit den gleichen Daten eine quadratische Anpassung vorgenommen.

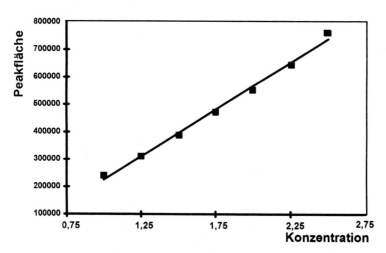

Abb. 7-7. Grafische Darstellung der Wertepaare und der linearen Ausgleichsfunktion

7.3 Quadratische Regression

Eine quadratische Anpassung kann mit Gl. (7-31) beschrieben werden:

$$y = n \cdot x^2 + m \cdot x + b \qquad (7\text{-}31)$$

Sind die drei Parameter n, m und b bekannt und wird die quadratische Funktion als Ausgleichsfunktion akzeptiert, kann zu jedem y-Wert (Signal) der zugehörige x-Wert (Konzentration) berechnet werden [3].

Zur Berechnung der drei Parameter n, m und b und der Reststandardabweichung s_y werden mit Hilfe einer Wertetabelle (siehe Tabelle 7-4) fünf Zwischenergebnisse gebildet:

Tabelle 7-4. Berechnung der Quadrate und Produkte für die quadratische Regression

Nummer	x_i (1)	y_i (2)	x_i^2 (1)·(1)	x_i^3 (1)·(1)·(1)	x_i^4 (1)·(1)·(1)·(1)
1	1,00	240627	1,0000	1,00000	1,000000
2	1,25	311476	1,5625	1,95313	2,441406
3	1,50	389122	2,2500	3,37500	5,062500
4	1,75	471122	3,0625	5,35938	9,378906
5	2,00	553865	4,0000	8,00000	16,000000
6	2,25	645983	5,0625	11,39063	25,628906
7	2,50	761809	6,2500	15,62500	39,062500
Summe	12,25	3374004	23,1875	46,7031	98,574219

Nummer	y_i^2 (2)·(2)	$(x_i \cdot y_i)$ (1)·(2)	$(x_i^2 \cdot y_i)$ (1)·(1)·(2)
1	57901353129	240627,000	240627,0000
2	97017298576	389345,000	486681,2500
3	151415930884	583683,000	875524,5000
4	221955938884	824463,500	1442811,1250
5	306766438225	1107730,00	2215460,0000
6	417294036289	1453461,75	3270288,9375
7	580352952481	6504522,50	4761306,2500
Summe	1832703948468	6503832,75	13292699,0625

$$Q_{xx} = \Sigma x_i^2 - \frac{(\Sigma x_i)^2}{N} \qquad (7\text{-}32)$$

$$Q_{xy} = \Sigma(x_i \cdot y_i) - \left[\frac{\Sigma y_i \cdot \Sigma x_i}{N}\right] \qquad (7\text{-}33)$$

$$Q_{x^3} = \Sigma x_i^3 - \left[\frac{\Sigma x_i \cdot \Sigma x_i^2}{N}\right] \qquad (7\text{-}34)$$

$$Q_{x^4} = \Sigma x_i^4 - \left[\frac{(\Sigma x_i^2)^2}{N}\right] \qquad (7\text{-}35)$$

$$Q_{x^2y} = \Sigma(x_i^2 \cdot y_i) - \left[\frac{\Sigma y_i \cdot \Sigma x_i^2}{N}\right] \qquad (7\text{-}36)$$

Die Berechnung der quadratischen Steigung n erfolgt mit Gl. (7-37):

$$n = \frac{Q_{xy} \cdot Q_x^2 - Q_{x^2y} \cdot Q_{xx}}{(Q_{x^3})^2 - Q_{xx} \cdot Q_{x^4}} \qquad (7\text{-}37)$$

Der Parameter m wird mit Gl. (7-38) berechnet:

$$m = \frac{Q_{xy} - n \cdot Q_{x^3}}{Q_{xx}} \qquad (7\text{-}38)$$

Der Parameter b wird mit Gl. (7-39) berechnet:

$$b = \frac{[\Sigma y_i - m \cdot \Sigma x_i - n \cdot \Sigma x_i^2]}{N} \qquad (7\text{-}39)$$

Die Reststandardabweichung s_y berechnet sich mit Hilfe von Gl. (7-40):

$$s_y = \sqrt{\frac{\Sigma y_i^2 - b \cdot \Sigma y_i - m \cdot \Sigma(x_i \cdot y_i) - n \cdot \Sigma(x_i^2 \cdot y_i)}{N - 3}} \qquad (7\text{-}40)$$

Die Empfindlichkeit E kann bei der quadratischen Regression nicht durch die Steigung n oder m ersetzt werden, weil die Empfindlichkeit sich in einer quadratischen Funktion ständig ändert. Die Empfindlichkeit E wird daher als Tangentensteigung an die quadratische Funktion in der Mitte $\bar{x}$, $\bar{y}$ des Arbeitsbereiches definiert. Sie berechnet sich mit Gl. (7-41):

$$E = m + 2 \cdot n \cdot \bar{x} \qquad (7\text{-}41)$$

Die Berechnung der Verfahrensstandardabweichungen erfolgt analog zu den Gl. (7-28) und (7-29).

In unserem Beispiel werden zur Berechnung der Summen Q_{xx}, Q_{xy}, Q_{x^3}, Q_{x^4} und Q_{x^2y} die Werte x_i^2, y_i^2, x_i^3, x_i^4 und die Produkte $(x_i \cdot y_i)$ sowie $(x_i^2 \cdot y_i)$ berechnet und aufsummiert. Die Werte sind in Tabelle 7-4 zusammengefaßt.

Die Berechnung der drei Parameter n, m und b und der Reststandardabweichung s_y erfolgt nach den Gl. (7-42) bis (7-51):

$$Q_{xx} = \Sigma x_i^2 - \frac{(\Sigma x_i)^2}{N} = 23{,}1875 - \frac{12{,}25^2}{7} = \underline{1{,}75} \tag{7-42}$$

$$Q_{xy} = \Sigma (x_i \cdot y_i) - \left[\frac{\Sigma y_i \cdot \Sigma x_i}{N} \right]$$
$$= 6503832{,}75 - \frac{3374004 \cdot 12{,}25}{7} = \underline{599325{,}75} \tag{7-43}$$

$$Q_{x^3} = \Sigma x_i^3 - \left[\frac{\Sigma x_i \cdot \Sigma x_i^2}{N} \right] = 46{,}70312 - \frac{12{,}25 \cdot 23{,}1875}{7} = \underline{6{,}125} \tag{7-44}$$

$$Q_{x^4} = \Sigma x_i^4 - \left[\frac{(\Sigma x_i^2)^2}{N} \right] = 98{,}574219 - \frac{23{,}1875^2}{7} = \underline{21{,}766} \tag{7-45}$$

$$Q_{x^2y} = \Sigma (x_i^2 \cdot y_i) - \left[\frac{\Sigma y_i \cdot \Sigma x_i^2}{N} \right]$$
$$= 13292699{,}0625 - \frac{3374004 \cdot 23{,}1875}{7} = \underline{2116310{,}8125} \tag{7-46}$$

$$n = \frac{Q_{xy} \cdot Q_{x^3} - Q_{x^2y} \cdot Q_{xx}}{(Q_{x^3})^2 - Q_{xx} \cdot Q_{x^4}}$$
$$= \frac{599325{,}75 \cdot 46{,}7031 - 13292699{,}0625 \cdot 1{,}75}{46{,}7031^2 - 1{,}75 \cdot 98{,}5742191} = \underline{56901{,}1429} \tag{7-47}$$

$$m = \frac{Q_{xy} - n \cdot Q_{x^3}}{Q_{xx}} = \frac{599325{,}75 - 56901{,}1429 \cdot 46{,}7031}{1{,}75}$$
$$= \underline{143317{,}8571} \tag{7-48}$$

$$b = \frac{[\Sigma y_i - m \cdot \Sigma x_i - n \cdot \Sigma x_i^2]}{N}$$

$$= \frac{3374004 - 143317{,}8571 \cdot 12{,}25 - 56901{,}429 \cdot 23{,}1875}{7}$$

$$= \underline{42709{,}2857} \tag{7-49}$$

Die quadratische Anpassungsfunktion ist dann nach Gl. (7-50):

$$y = 56901{,}1429 \cdot x^2 + 143317{,}8571 \cdot x + 42709{,}2857 \tag{7-50}$$

Die Reststandardabweichung s_y berechnet sich nach Gl. (7-51):

$$s_y = \sqrt{\frac{\Sigma y_i^2 - b \cdot \Sigma y_i - m \cdot \Sigma(x_i \cdot y_i) - n \cdot \Sigma(x_i^2 \cdot y_i)}{N - 3}} \tag{7-51}$$

$$s_y = \sqrt{\frac{1832703948468 - 42709{,}2857 \cdot 3374004 - 143317{,}8571 \cdot 6503832{,}75 - 56901{,}1429 \cdot 13292699{,}0625}{7 - 3}}$$

$$s_y = \underline{5420{,}017827} \tag{7-52}$$

Die Empfindlichkeit E berechnet sich mit Gl. (7-53):

$$E = m + 2 \cdot n \cdot \bar{x} = 143317{,}8571 + 2 \cdot 56901{,}1429 \cdot 1{,}75$$

$$= \underline{342471{,}8571} \tag{7-53}$$

Die Verfahrensstandardabweichung s_{x0} beträgt nach Gl. (7-54):

$$s_{x0} = \frac{s_y}{E} = \frac{5420{,}017827}{342471{,}8571} = \underline{0{,}015826} \tag{7-54}$$

Die relative Verfahrensstandardabweichung V_{x0} beträgt dann nach Gl. (7-55):

$$V_{x0} = \frac{s_{x0}}{\bar{x}} \cdot 100\% = \frac{0{,}015826}{1{,}75} \cdot 100\% = \underline{0{,}904\%} \tag{7-55}$$

In Abb. 7-8 werden die Wertepaare und die quadratische Anpassungsfunktion dargestellt.

Wie können die Ergebnisse der beiden Anpassungsfunktionen und die dazugehörigen statistischen Ergebnisse interpretiert werden?

Zunächst werden alle Daten in Tabelle 7-5 zusammengefaßt und in Abb. 7-9 werden beide Grafiken gegenübergestellt.

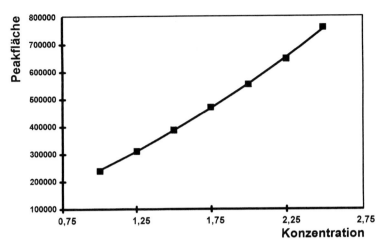

Abb. 7-8. Die Wertepaare und die quadratische Anpassungsfunktion

Tabelle 7-5. Zusammenfassung der statistischen Daten

Statistischer Wert	Lineare Anpassung	Quadratische Anpassung
Empfindlichkeit	$E = m = 342\,471{,}8571$	$E = 342\,471{,}8571$
Reststandardabweichung	$s_y = 15\,361{,}5743$	$s_y = 5\,420{,}017827$
Verfahrensstandardabweichung	$s_{x0} = 0{,}04485$	$s_{x0} = 0{,}015826$
Relative Verfahrensstandardabweichung	$V_{x0} = 2{,}563\%$	$V_{x0} = 0{,}904\%$

Wie aus der Tabelle 7-5 ersichtlich ist, beträgt die relative Verfahrensstandardabweichung V_{x0} der *quadratischen Anpassung* nur etwa ein Drittel der linearen Anpassung.

Damit ist zunächst die quadratische Regression als „bessere" Anpassungsstrategie vorzuziehen. Allerdings könnte der Unterschied zwischen den beiden Verfahrensstandardabweichungen nur von *zufälliger Art* sein. Ist dies der Fall, ist eine signifikant bessere Anpassung durch die quadratische Strategie nicht nachgewiesen. Dann kann der einfacheren, linearen Anpassung der Vorzug gegeben werden. Erst wenn der Unterschied zugunsten der quadratischen Anpassung als „signifikant" nachgewiesen ist, muß diese Anpassung benutzt werden.

Dieser Signifikanznachweis wird im nächsten Abschnitt, dem Anpassungstest nach Mandel, durchgeführt. Die Durchführung des Mandeltestes ist nur dann sinnvoll, wenn die Verfahrensstandardabweichung der linearen Anpassung *größer* ist als die der quadratischen Anpassung. Da dies in unserem Beispiel der Fall ist, wird ein Anpassungstest nach Mandel durchgeführt.

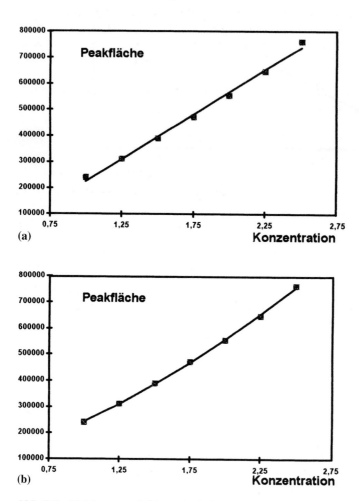

Abb. 7-9. (a) Lineare und (b) quadratische Anpassung

7.4 Anpassungstest nach Mandel

Die Nullhypothese H_0 lautet: Es sind keine Varianzeninhomogenitäten beim Vergleich der Reststandardabweichungen von linearer und quadratischer Regression zu erkennen, die Unterschiede sind nur zufällig ($P=99\%$). Als Alternativhypothese wird angenommen, daß eine signifikante Varianzeninhomognität besteht.

Für den Anpassungstest nach Mandel [3, 16] wird die Varianzendifferenz Δs^2 berechnet. Sie berechnet sich mit Gl. (7-56):

$$\Delta s^2 = [(N_L - 2) \cdot s_L^2] - [(N_Q - 3) \cdot s_Q^2] \tag{7-56}$$

Die Indices L und Q in Gl. (7-56) bedeuten „lineare Anpassung L" und „quadratische Anpassung Q". Die Varianzendifferenz beträgt für unser Beispiel:

$$\Delta s^2 = [(7 - 2) \cdot 15361{,}5743^2] - [(7 - 3) \cdot 5420{,}017827^2] \tag{7-57}$$

$$\Delta s^2 = 1062383456{,}679$$

Die berechnete Varianzendifferenz Δs^2 wird mit der Varianz der quadratischen Anpassung s_Q^2 über einen F-Test abgeglichen. Dazu wird die Prüfgröße PG nach Gl. (7-58) berechnet:

$$PG = \frac{\Delta s^2}{s_Q^2} \tag{7-58}$$

$$PG = \frac{1062383456{,}67877}{5420{,}017827^2} = 36{,}164 \tag{7-59}$$

Die Prüfgröße PG wird mit dem F-Wert aus der F-Tabelle verglichen. Die *Differenz* der beiden Freiheitsgrade beträgt nach Gl. (7-60) immer 1:

$$\Delta f = (N - 2) - (N - 3) = (7 - 2) - (7 - 3) = 1 \tag{7-60}$$

Daher nimmt der Freiheitsgrad f_1, der die Varianz*differenz* repräsentiert, immer diesen Wert ein. Der Freiheitsgrad f_2 wird berechnet mit Gl. (7-61):

$$f_2 = N - 3 = 7 - 3 = 4 \tag{7-61}$$

Zur Überprüfung der Varianzen wäre es prinzipiell denkbar, einen einfachen F-Test über die beiden Reststandardabweichungen (Varianzen) durchzuführen. Der Linearitätstest nach Mandel hat gegenüber einem einfachen F-Test den Vorteil, daß die Prüfgröße nicht durch unterschiedliche Freiheitsgrade beeinflußt wird. Der Tabellenwert aus der F-Tabelle ($f_1 = 1$, $f_2 = 4$, $P = 99\%$) beträgt $= 21{,}20$.

Da die Prüfgröße PG nach Gl. (7-59) größer ist als der F-Wert aus der F-Tabelle in Abschnitt 13.1.3, muß von einem *signifikanten Unterschied* zwischen den beiden Verfahrensstandardabweichungen ausgegangen werden. Die vorher aufgestellte Nullhypothese H_0 ist zu verwerfen, es tritt die Alternativhypothese in Kraft. Da die quadratische Anpassung die *signifikant* kleinere Verfahrensstandardabweichung V_{x0} ergab, ist diese somit vorzuziehen.

7.5   Kalibrierstrategien

In unserem Beispiel, der quantitativen Bestimmung von Paracetamol mittels HPLC, findet eine Extinktionsmessung als Detektionsmethode statt. Dieser liegt das Lambert-Beersche Gesetz zugrunde, demzufolge innerhalb der Gültigkeitsgrenzen eine lineare Kennlinie entstehen soll. Dies ist nicht der Fall, wenn z. B. die Konzentration den Linearbereich des Detektors überschreitet, die Säule überladen oder die Injektion fehlerhaft ist. Diese Fehler machen sich jedoch bei der Überprüfung der Varianzenhomogenität bemerkbar. In unserem Beispiel war jedoch die Varianzenhomogenität akzeptabel (s. Abschnitt 7.1).

Weil sich bei der Probenvorbereitung sehr häufig Fehler einstellen, ist auch dieser Arbeitsbereich in die Überlegungen einzubeziehen. In unserem Beispiel ist es denkbar, daß das Paracetamol beim Lösen in heißem Wasser mehr oder weniger hydrolysiert. Die Hydrolyse kann konzentrationsabhängig sein und die Linearität negativ beeinflussen. Folglich wird der gesamte Kalibriervorgang wiederholt, hingegen wird statt heißem Wasser kaltes Methanol als Lösemittel verwendet. Es werden die gleichen Konzentrationsverhältnisse angestrebt (1,0 bis 2,5 mg/L). Von Varianzenhomogenität wird ausgegangen. Man erhält folgende Ergebnisse (Tabelle 7-6)

Bereichsmitte $\bar{x}$ 1,75
Bereichsmitte $\bar{y}$ 481697,857

Ergebnis der *linearen* Regression:

Q_{xx} 1,75
Q_{yy} 204818339408,8570
Q_{xy} 598690,25

Tabelle 7-6. Konzentrationen und Meßwerte

Konzentration an Paracetamol in mg/L Methanol	Peakfläche
1,00	225227
1,25	310747
1,50	396122
1,75	481132
2,00	567865
2,25	652183
2,50	738609

$$
\begin{array}{ll}
m = E & 342108,7143 \\
b & -116992,39286 \\
s_y & 487,3861 \\
s_{x0} & 0,00142 \\
V_{x0} & \underline{0,081\%}
\end{array}
$$

Ergebnis der *quadratischen* Regression:

$$
\begin{array}{ll}
Q_{xx} & 1,75 \\
Q_{xy} & 598690,25 \\
Q_{x^3} & 6,125 \\
Q_{x^4} & 21,766 \\
Q_{x^2y} & 2095584,0625 \\
n & 512,5714 \\
m & 340314,7143 \\
b & -115550,7857 \\
s_y & 524,766104 \\
s_{x0} & 0,001534 \\
E & 342108,7143 \\
V_{x0} & \underline{0,088\%}
\end{array}
$$

Die relative Verfahrensstandardabweichung V_{x0} der linearen Regression ist kleiner als die der quadratischen Regression. Die lineare Regression kann infolgedessen ohne Mandelschen Anpassungstest akzeptiert werden.

7.6 Weitere Prüfungsmöglichkeiten zur Akzeptanz der Linearität

7.6.1 Der Korrelationskoeffizient r oder das Bestimmtheitsmaß r^2

Der Korrelationskoeffizient r vergleicht die Streuung der Punkte von der Regressionsgeraden mit der Gesamtstreuung des Verfahrens [4]. Der Korrelationskoeffizient r ist eine Indexzahl, die angibt, ob und wie ein Variablenpaar x und y miteinander verknüpft ist („korreliert"). Die Werte des Korrelationskoeffizienten liegen zwischen -1 und $+1$.

Die Berechnung des Korrelationskoeffizienten r wird mit Gl. (7-62) vorgenommen:

$$r = \frac{\Sigma[(x_i - \bar{x}) \cdot (y_i - \bar{y})]}{\sqrt{\Sigma(x_i - \bar{x})^2 \cdot \Sigma(y_i - \bar{y})^2}} \tag{7-62}$$

In Gl. (7-62) bedeutet:

r Korrelationskoeffizient
x_i Konzentrationswert
y_i Signalwert
$\bar{x}$ Mittelwert der Konzentrationswerte
$\bar{y}$ Mittelwert der Signalwerte

Liegen alle Meßwertpunkte *exakt* auf der berechneten Regressionsgeraden, wird der Korrelationskoeffizient entweder den Wert $r=-1$ oder $r=+1$ annehmen. Für das Vorzeichen ist die Steigungsart der Geraden verantwortlich. Ist das Vorzeichen des Korrelationskoeffizienten r negativ, ist die Gerade „absteigend". Bei einem positiven Korrelationskoeffizienten r ist die Gerade aufsteigend.

Ist der Korrelationskoeffizient in der Nähe von Null, ist ein funktioneller Zusammenhang zwischen den Wertepaaren x und y nicht erkennbar. Nimmt der Korrelationskoeffizient Werte in der Nähe von $r=1$ ein, ist ein linearer Zusammenhang zwischen den Konzentrationswerten x und den Signalwerten y wahrscheinlich.

Das Quadrat des Korrelationskoeffizienten nennt man „Bestimmtheitsmaß r^2". Zum einen ist r^2 immer positiv und zum anderen wird der Indexwert „schärfer". Beträgt z. B. $r=0,9$, ist $r^2=0,81$. Bei der Interpretation des Korrelationskoeffizienten r muß man sehr vorsichtig sein. In Abb. 7-10 sind drei Regressionsgeraden gezeigt, die alle den Korrelationskoeffizient von $r=0,85$ annehmen.

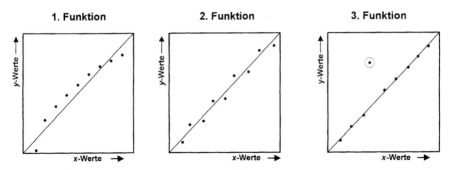

Abb. 7-10. Drei Regressionsgeraden mit $r = 0{,}85$

In der ersten Funktion der Abb. 7-10 wurde ein falscher Ansatz gewählt, eine quadratische Regression wäre sicherlich günstiger. In der zweiten Funktion streuen die Meßwerte gleichmäßig um die Gerade, hier wäre der Korrelationskoeffizient r eine passende Indexzahl.

In der dritten Funktion streut nur *ein* Meßwert, alle übrigen Werte ergäben einen viel günstigeren Geradenverlauf und besseren Korrelationskoeffizient r.

Aus der Indexzahl r kann man nicht entnehmen, ob die lineare oder die quadratische Anpassung günstiger wäre. Der Korrelationskoeffizient r ist daher kein Maß für die Funktionsanpassung.

In den Korrelationskoeffizient r geht die Steigung der Geraden („Empfindlichkeit") nicht mit ein, deshalb ist die Verfahrensstandardabweichung V_{x0} die bessere Kennzahl zur Beurteilung des Kalibrierverfahrens.

Der Korrelationskoeffizient r unseres Beispiels aus Abschnitt 7.5, der akzeptierten linearen Strategie, beträgt 0,999997.

7.6.2 Residualanalyse

Eine weitere Prüfmöglichkeit, die Qualität des linearen Ansatzes zu bewerten, ist die Residualanalyse. Wie bereits in Abschnitt 7.2 beschrieben wurde, versteht man unter den Residuen („Resten") die Differenz in y-Richtung zwischen Meßpunkt und zugehörigem Punkt auf der Regressionsgeraden. Läge der Meßpunkt direkt auf der Regressionsgeraden, wäre der Rest $R = 0$.

Dividiert man die Residuen aller Meßpunkte durch die Standardabweichung aller Residuen (d. h. der Verfahrensstandardabweichung s_y), erhält man normierte Größen nach Gl. (7-63):

$$u_i = \frac{y_i - \hat{y}_i}{s_y} \tag{7-63}$$

In Gl. (7-63) bedeutet:

u_i normierte Größe der Reste

y_i berechneter y-Wert mit Hilfe der Regressionsgleichung

$\hat{y}_i$ Meßwert

Ist der lineare Ansatz richtig, sollten die normierten Größen u_i normalverteilt sein, daher ergibt sich eine Gleichverteilung unter und über der Nullinie. Ein optischer Test besteht darin, daß die normierten Größen in Abhängigkeit der x-Werte aufgetragen werden. Man erhält ein typisches Bild, anhand dessen man das Verfahren beurteilen kann. In Abb. 7-11 sind vier typische Residuenbilder dargestellt.

Im Residuenbild (a) sind die Residuen in etwa gleicher Zahl und gleichem Betrag über und unter der Null-Linie verteilt: es wurde ein richtiger Modellansatz gewählt. Im Residuenbild (b) ist ein linearer Trend zu beobachten. Hier wurde z. B. ein falscher Modellansatz gewählt. Im Residuenbild (c) wurde ein falscher Ansatz gewählt, hier liefert wahrscheinlich die quadratische Regression die bessere Anpassung. Das Residuenbild (d), welches für falsche Analysenstrategien typisch ist, wurde durch eine ausgeprägte Varianzeninhomogenität verursacht.

Das Residuenbild unseres Beispiels aus Abschnitt 7.5 ist Abb. 7-12 zu entnehmen.

7.7   Probenauswertung und Prognoseintervall

Nach der erfolgreichen Kalibrierung und dem Nachweis, daß die quadratische Anpassung keine signifikant besseren Ergebnisse liefert, wird die ermittelte lineare Ausgleichsgerade benutzt, um aus der gemessenen Probenpeakfläche $\hat{y}$ die Konzentration $\hat{x}$ an Paracetamol zu messen. Die experimentell gefundene und statistisch abgesicherte Geradengleichung unseres Beispiels lautet:

$$\hat{y} = 342108{,}7143 \cdot \hat{x} + (-116992{,}39286) \tag{7-64}$$

Die Größe $\hat{x}$ ist die unbekannte, zu bestimmende Konzentration der Probenlösung und die Größe $\hat{y}$ ist der bei dieser Probenlösung gemessene Signalwert.

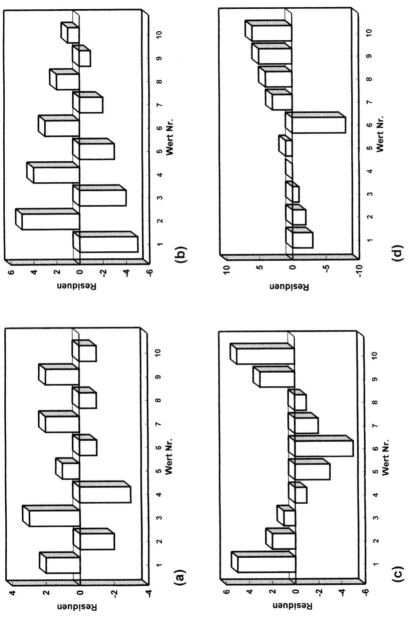

Abb. 7-11. Residuenbilder (a) bis (d)

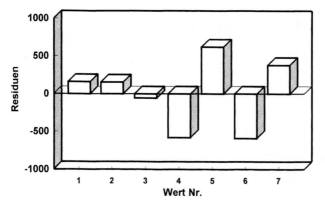

Abb. 7-12. Residuenbild des Beispiels aus Abschnitt 7.5

Die Kalibrierdaten sind:

Q_{xx} 1,75
Q_{yy} 204818339408,8570
Q_{xy} 598690,25
$m = E$ 342108,7143
b −116992,39286
s_y 487,3861
V_{x0} 0,081%

Wird Gl. (7-64) nach $\hat{x}$ umgestellt, lautet die Gleichung

$$\hat{x} = \frac{\hat{y} + 116992,39286}{342108,7143} \tag{7-65}$$

Wird für eine Paracetamol-Tablette nach der gleichen Arbeitsvorschrift (mit Methanol als Lösemittel) z. B. eine Peakfläche von $\hat{y} = 475759$ gemessen, kann die Paracetamolkonzentration über die Gl. (7-65) abgeschätzt werden:

$$\hat{x} = \frac{475759 + 116992,39286}{342108,7143} = 1{,}732 \text{ mg/L Paracetamol} \tag{7-66}$$

Da der „wahre" Wert der Probe nicht bekannt ist, kann er durch das Analysenverfahren nur „abgeschätzt" werden. Dieser statistische Begriff enthält keine Abwertung des Analysenverfahrens. Der errechnete, über die Kalibrierung „abgeschätzte" Wert von $\hat{x} = 1{,}732$ mg/L Paracetamol ist natürlich mit einem Kalibrierfehler behaftet, der statistisch bewertet werden kann.

Der Gesamtfehler besteht aus der Summe der Fehler, die bei der Messung der Probe gemacht werden und den Fehlern, die bei der Kalibrierung entstehen. Letztere werden durch die Reststandardabweichung s_y der Kalibrierung repräsentiert. Der Kalibrierungsfehler wird abhängig sein von

- der Anzahl der Kalibrierlösungen (N)
- der Anzahl der Mehrfachmessungen $\hat{N}$ (z. B. Doppelbestimmung, $\hat{N} = 2$)
- von der Reststandardabweichung s_y
- von der Empfindlichkeit E (= Steigung m) der Kalibriergeraden
- von der Entfernung zwischen der Konzentration der Probe $\hat{x}$ und der mittleren Konzentration $\bar{x}$

Aus dem Fehlerfortpflanzungsgesetz erfolgt, daß die „wahre" (jedoch unbekannte) Gerade zwischen zwei Hyperbelästen liegt [3]. Die beiden Hyperbeläste werden mit Gl. (7-67) berechnet:

$$y_{u,o} = (m \cdot x + b) \pm s_y \cdot t \cdot \sqrt{\frac{1}{N} + \frac{1}{\hat{N}} + \frac{(x - \bar{x})^2}{Q_{xx}}} \qquad (7\text{-}67)$$

In Gl. (7-67) bedeutet:

s_y Reststandardabweichung
t t-Faktor der zweiseitigen Tabelle mit $f = N-2$ und $P = 95\%$
N Anzahl der Kalibrierlösungen
$\hat{N}$ Anzahl der Parallelbestimmungen
$\bar{x}$ Arbeitsbereichsmitte
Q_{xx} Quadratsumme x (siehe Abschnitt 7.2, lineare Regression)

Für einen vorgegebenen x-Wert werden mit Gl. (7-67) *zwei* zugehörige y-Werte berechnet.

Wird in die Geradengleichung für $x = 0$ eingesetzt, erhält man als y-Wert den Ordinatenabschnitt b. Die Grenzen y_u und y_o nach Gl. (7-67) sind für $x = 0$ gleichzeitig der obere und untere Grenzwert des Ordinatenabschnitts b (Blindwertes).

Für eine Reihe von vorgegebenen x-Werten ergeben sich somit zwei Funktionen, die die bereits erwähnten Hyperbeläste bilden (Abb. 7-13). Die Hyperbeläste werden im Laborjargon „Prognosebänder", „Vertrauensbänder" oder gar „Trompete" genannt. In Abb. 7-13 wurde der Signalwert $\hat{y}$ (Peakfläche der Probe) mit eingezeichnet.

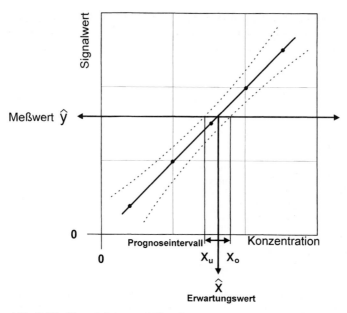

Abb. 7-13. Hyperbeläste und Signalwert zum Prognoseintervall (stark überzeichnet)

Für den gemessenen $\hat{y}$-Wert der Probenlösung, der Peakfläche als Signalgröße, ergeben sich nach Abb. 7-13 folglich drei Konzentrationswerte:

$\hat{x}_{u}$ unterer Grenzwert durch den Schnittpunkt mit dem oberen Prognoseband

$\hat{x}$ Konzentration der Probe aus der Kalibrierung (Erwartungswert)

$\hat{x}_{o}$ oberer Grenzwert durch den Schnittpunkt mit dem unteren Prognoseband

In Gl. (7-67) wurde eine im Labor übliche statistische Sicherheit von $P=95\%$ gewählt, die über den t-Wert in die Gleichung eingebracht wird. Der Bereich zwischen dem Schnittpunkt der Horizontalen des Meßwertes $\hat{y}$ und der Kalibriergeraden sowie dem des oberen bzw. unteren Hyperbelastes nennt man Prognoseintervall VB (Abb. 7-13).

$$VB = x_{o} - \hat{x} = \hat{x} - x_{u} \qquad (7\text{-}68)$$

Der „tatsächliche", unbekannte Analysenwert befindet sich mit der gewählten Sicherheit von $P=95\%$ im Intervall gemäß Gl. (7-69):

$$\hat{x} \pm VB \qquad (7\text{-}69)$$

Die Größe von $\hat{x}_u$ nach $\hat{x}_o$ kann berechnet werden. Dazu wird Gl. (7-67) nach x umgestellt. Mit Hilfe einer allgemein akzeptierten Vereinfachung, die hier nicht weiter diskutiert werden soll, ergibt sich Gl. (7-70) [3]:

$$\hat{x}_{u,o} = \frac{\hat{y} - b}{m} \pm \frac{s_y \cdot t}{m} \cdot \sqrt{\frac{1}{N} + \frac{1}{\tilde{N}} + \frac{(\hat{y} - \bar{y})^2}{m^2 \cdot Q_{xx}}} \tag{7-70}$$

In Gl. (7-70) bedeutet:

b Ordinatenabschnitt
m Steigung der Geraden
s_y Reststandardabweichung
$\hat{y}$ Signalwert der Probe
$\bar{y}$ Arbeitsbereichsmitte von y (Peakfläche)
N Anzahl der Kalibrierlösungen
$\hat{N}$ Anzahl der Bestimmungen jeder Kalibrierlösung

Für die Daten unseres Beispiels wird das folgende Intervall berechnet (der t-Wert nach der zweiseitigen Tabelle für t (95%, f = 5) beträgt 2,571, die Anzahl der Kalibrierlösungen ist 7, die Anzahl der Bestimmungen jeder Kalibrierlösung ist 1:

$$\hat{x}_{u,o} = 1,732 \pm \frac{487,3861 \cdot 2,571}{342108,7143} \cdot \sqrt{\frac{1}{7} + \frac{1}{1} + \frac{(475759 - 481697,857)^2}{342108,7143^2 \cdot 1,75}}$$

$$\hat{x}_{u,o} = 1,732 \pm 0,003915 \text{ mg/L} \tag{7-71}$$

Der „tatsächliche" Wert $\hat{x}$ für den Paracetamol-Gehalt wird nach der Kalibrierungsstrategie mit einer statistischen Sicherheit von P = 95% im Bereich von 1,726 bis 1,734 mg/L sein.

Ein in dieser Weise erhaltenes Analysenergebnis, sollte idealerweise in folgender Form dokumentiert werden.

N 7
$\hat{N}$ 1
$m = E$ 342 108,7143
b −116 992,39286
s_y 487,3861
V_{x0} 0,081%
$\hat{x}_{u,o}$ 1,732 ± 0,003915 mg/L

Im Kapitel 12 soll diskutiert werden, ob es sinnvoll ist, Kalibrierdaten zu verwenden, die aus dem reinen Analyten, d. h. ohne die Begleitstoffe, hergestellt wurden.

7.8 Ausreißer in Kalibrierdaten

Die bekannten Ausreißertests für Datenreihen, z. B. nach Dixon und Grubbs, können auf Kalibrierdaten nicht angewendet werden, weil keine Daten eines Konzentrationsniveaus vorliegen. Huber schlägt folgenden Ausreißertest für lineare Funktionen vor [3]:

1. Grafische Darstellung der Funktion.
2. Subjektive Betrachtung und Kennzeichnung des Wertes, der in Verdacht steht, ein Ausreißer zu sein.
3. Das Wertepaar, das in Verdacht steht, ein Ausreißer zu sein, wird für die weiteren Berechnungen aus der Reihe genommen.
4. Durchführung einer linearen Regression ohne das gekennzeichnete Wertepaar.
5. Berechnung der Steigung, Ordinatenabschnitt und Reststandardabweichung.
6. Berechnung des Signalintervalls $y_{u,o}$ (Δy) für die Konzentration x des Ausreißers mit der statistischen Sicherheit $P = 95\%$.
7. Befindet sich der Signalwert des Ausreißers außerhalb von Δy, den Grenzwerten des Prognosebandes, ist das Wertepaar als Ausreißer erkannt und muß aus der Datenreihe eliminiert werden.

Zusammenfassend ist nach Huber dann ein Datenpunkt der Kalibrierreihe ein Ausreißer, wenn er in y-Richtung das untere Prognoseband unter- bzw. das obere Band überschreitet. Die Prognosebänder werden ohne den verdächtigten Datenpunkt berechnet.

Dazu ein Beispiel: Bei einer fotometrischen Bestimmung eines Wirkstoffes wurden folgende Wertepaare erhalten (Konzentration/Extinktion) (Tabelle 7-7).

Durch eine Voruntersuchung wird eine lineare Anpassung akzeptiert, die Varianzenhomogenität ist gegeben.

Die grafische Auswertung der Meßwerte wird in Abb. 7-14 dargestellt.

Nach gründlicher Betrachtung der grafischen Auswertung fällt auf, daß das Wertepaar Nr. 4 (175 µg/mL mit der Extinktion 0,453) ein Ausreißer in der Kalibriergeraden sein könnte. Für die weiteren Berechnungen nach Huber wird das markierte Wertepaar *nicht* mit berücksichtigt.

Tabelle 7-7. Fotometrische Bestimmung

Nummer	Konzentration x_i μg/mL (1)	Signal y_i (2)
1	100	0,241
2	125	0,304
3	150	0,364
4	**175**	**0,453 (?)**
5	200	0,503
6	225	0,574
7	250	0,661

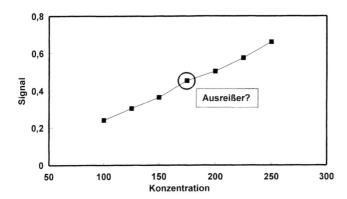

Abb. 7-14. Grafische Auswertung von ausreißerverdächtigen Meßwerten (nach Huber)

Die lineare Regression der restlichen Datenpaare ergibt folgende Werte:

Steigung m	0,00277
Ordinatenabschnitt b	–0,04358
Reststandardabweichung s_y	0,00942
Q_{xx}	17 500
$\bar{x}$	175 μg/mL
$t(P=95\%, f=6-2!)$	2,776

Das Signalintervall (in y-Richtung) wird berechnet mit Gl. (7-72)

$$y_{u,o} = (m \cdot x + b) \pm s_y \cdot t \cdot \sqrt{\frac{1}{N} + \frac{1}{\tilde{N}} + \frac{(x - \bar{x})^2}{Q_{xx}}} \tag{7-72}$$

$$y_{u,o} = (0,00277 \cdot 175 - 0,04358) \pm 0,00942 \cdot 2,776$$

$$\cdot \sqrt{\frac{1}{6} + \frac{1}{1} + \frac{(175 - 175)^2}{17500}} \tag{7-73}$$

$$y_{u,o} = 0,441 \pm 0,0282 \tag{7-74}$$

Das zulässige Signalintervall Δy beträgt 0,413 bis 0,469 nach Gl. (7-74).

Mit einer gemessenen Extinktion von 0,453 (für die Konzentration 175 µg/mL) wird diese vom zulässigen y-Intervall eingeschlossen. Dieses verdächtigte Wertepaar ist mit einer statistischen Sicherheit von $P=95\%$ *nicht* als Ausreißer nachzuweisen und verbleibt in der Datenreihe.

In Gl. (7-72) ist die Reststandardabweichung s_y als Streuungsmaß enthalten. Je größer s_y ist, umso geringer ist die Chance, daß ein Kalibrierwertausreißer als solcher erkannt wird.

Wird ein Wertepaar als Ausreißer erkannt, muß es markiert und aus der Datenreihe entfernt werden. Dadurch ist die Equidistanz aller Kalibrierkonzentrationen nicht mehr gewährleistet. Es wird empfohlen, zu untersuchen, welcher Fehler zum Ausreißer geführt hat. Danach sollte eine neue Kalibrierung vorgenommen werden.

7.9   Übungsaufgabe

Die Abhängigkeit der Peakfläche von der Menge an injiziertem Glycol (GC und Autosampler) ergab folgende Werte (die Varianzenhomogenität wurde durch einen Vortest akzeptiert):

Glycolkonzentration (ppm)	GC-Peakfläche (Counts)
0,1	12 134
0,2	24 345
0,3	36 459
0,4	48 999
0,5	60 345
0,6	72 991
0,7	82 993
0,8	94 356
0,9	107 867
1,0	116 567

Berechnen Sie die statistischen Daten

Koeffizienten	n und m
Ordinatenabschnitt	b
Empfindlichkeit	E
Reststandardabweichung	s_y
Verfahrensstandardabweichung	s_{x0}
relative Verfahrensstandardabweichung	V_{x0}

nach einem linearen und quadratischen Ansatz.

Berechnen Sie den Korrelationskoeffizient r.

Legen Sie fest, ob die Kalibrierfunktion als linear akzeptiert werden kann, in dem Sie einen Test nach Mandel durchführen ($P=99\%$).

Überprüfen Sie, ob nach Huber die Kalibrierung ausreißerfrei ist ($P=95\%$).

Eine Probe, die in den Injektor des GCs injiziert wurde, ergab eine Peakfläche von 70341 Counts. Berechnen Sie die Glycolkonzentration in ppm und legen Sie den Vertrauensbereich VB mit der statistischen Sicherheit von $P=95\%$ fest.

Die Ergebnisse der Aufgabe finden Sie im Abschnitt 13.3.2.

8 Nachweis-, Erfassungs- und Bestimmungsgrenze (nach DIN 32 645)

Die Beurteilung der Meßwerte von Proben mit sehr geringen Konzentrationen ist problematisch, weil die Präzision der Meßwerte bei niedrigen Konzentrationen gering ist. Daher ist die genaue Definition der Nachweis-, Erfassungs- und Bestimmungsgrenze bei der qualitativen und quantitativen Analyse von Proben mit geringen Konzentrationen von großer Wichtigkeit. Nach ICH ist die Nachweisgrenze die geringste Analytmenge in einer Meßprobe, die detektiert, aber nicht quantifiziert wird. Die Bestimmungsgrenze ist die geringste Analytmenge, die mit der geforderten Präzision und Richtigkeit quantifiziert wird. Die nachfolgend geschilderten Methoden und ihre statistischen Auswertungen lehnen sich überwiegend an die DIN-Norm 32 645 [17] vom Mai 1994 an. Es wird bei allen Berechnungen davon ausgegangen, daß das vorliegende Datenmaterial normalverteilt ist. Bevor die Methoden zur Abschätzung dieser analytisch wichtigen Grenzwerte erläutert werden, soll zuerst eine Definition der zur Erklärung notwendigen Begriffe vorgenommen werden [1].

Blindprobe

Für die Ermittlung der Grenzwerte kann eine *Blindprobe* (Leerprobe) notwendig sein. Sie ist unter Idealbedingungen eine Probe, die den nachzuweisenden Stoff (Analyten) nicht enthält, sonst aber weitgehend mit der Probe identisch ist. In der Praxis ist diese Forderung meistens nicht erfüllbar, daher wird häufig eine Probe als Blindprobe benutzt, die nur einen sehr geringen Gehalt des Analyten enthält.

Blindwert

Wird die Blindprobe dem gleichen Analysenverfahren unterworfen (mit der gleichen Probenvorbereitung!) wie die eigentliche Probe, wird als Meßwert der *Blindwert* (Leerwert) erhalten. Dabei werden mehrere unabhängig voneinander hergestellte Blindproben gemessen, der Mittelwert der Meßwerte ist als Blindwert anzusehen. Die Streuung der einzelnen Meßwerte wird durch die Standardabweichung s_y erfaßt. Eine andere Möglichkeit zur Bestimmung des Blindwerts ist die Berechnung des Ordinatenabschnitts b in einer linearen Kalibrierfunktion mit Hilfe der linearen Regression. Der Ordinatenabschnitt b ist die Größe des

Signals y bei der Konzentration 0, was definitionsgemäß mit dem Blindwert identisch ist.

Kritischer Wert der Meßgröße y_K bei der Kalibrierung
Wie aus Kapitel 7 bekannt ist, ist jede Kalibrierung mit einem Fehler behaftet, so auch der Blindwert b, der aus den Kalibrierdaten berechnet wird. Dieser Fehler kann durch das „Prognoseband" an der Stelle $x=0$ (Blindwert!) dargestellt werden.

Zur Abschätzung dieses Fehlers wird für die Konzentration $x=0$ mit Gl. (7-67) das Prognoseintervall in y-Richtung berechnet.

Um auf der „sicheren" Seite bei der Bestimmung der Grenzen zu bleiben, wird der Schnittpunkt des *oberen* Hyperbelastes mit der Ordinate ($x=0$) als *kritischer Wert der Meßgröße* y_K bezeichnet (Abb. 8-1).

Üblich ist bei der Berechnung des oberen Prognosebandes die Verwendung der statistischen Sicherheit von $P=95\%$ oder $P=99\%$ beim Ablesen des Wertes aus der t-Tabelle. Es ist hierbei zu beachten, daß der t-Wert einer „einseitigen t-Tabelle" entnommen wird. Dabei handelt es sich um eine t-Tabelle für die „einseitige Fragestellung". Näheres dazu im Abschnitt 5.1.1.

Für die Bestimmung der Nachweisgrenze wird eine „einseitige Fragestellung" benutzt, weil hier nur eine Richtung auf der x-Achse von Bedeutung ist. Es gilt zu beachten, daß in vielen t-Tabellen beide Fragestellungen gleichzeitig aufgelistet werden.

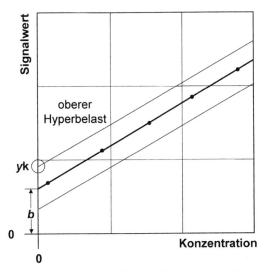

Abb. 8-1. Signalintervall und kritische Meßgröße y_K

Nachweisgrenze x_{NG}

Die Nachweisgrenze x_{NG} ist nach DIN 32645 eine Entscheidungsgrenze. Sie ist identisch mit jenem Gehalt des Analyten in einer Probe, der in der Messung den „kritischen Wert der Meßgröße y_K" gerade überschritten hat. Es ist die Konzentration eines Analyten, bei der die Wahrscheinlichkeit für den Fehler 1. und 2. Art (d. h. α-Fehler$=\beta$-Fehler) gleich ist.

Bei der Mehrfachmessung von Proben, deren Analyt mit einer Konzentration der Nachweisgrenze x_{NG} auftritt, wird in durchschnittlich der Hälfte der Fälle das Ergebnis „negativ" (also „unter der Nachweisgrenze") sein. Mit Konzentrationen direkt an der Nachweisgrenze gelingt der formale Nachweis also nur durchschnittlich in der Hälfte der Fälle.

Die Nachweisgrenze x_{NG} ist kein Absolutwert (ja/nein) im strengen wissenschaftlichen Sinn.

Erfassungsgrenze x_{EG}

Die Erfassungsgrenze x_{EG} ist der kleinste Gehalt eines Analyten in einer Probe, bei dem mit einer vorgegebenen Sicherheit (meist $P=95\%$) ein Nachweis möglich ist. Die Berechnung erfolgt aus dem 95% Prognosebereich der Kalibriergeraden. Die Erfassungsgrenze x_{EG} ist gewöhnlich doppelt so hoch wie die Nachweisgrenze x_{NG}. Die Erfassungsgrenze x_{EG} nach DIN 32645 entspricht der speziellen Nachweisgrenze, wie sie von W. Funk et al. [1] in der Wasseranalytik gefordert wird.

Bei Konzentrationen des Analyten an der Erfassungsgrenze x_{EG} wird der Nachweis in etwa doppelt so hohem Umfang gelingen wie bei einer Konzentration an der Nachweisgrenze x_{NG}.

Bestimmungsgrenze x_{BG}

Die Bestimmungsgrenze x_{BG} ist eine quantitative Grenze. Sie ist jene Konzentration, bei der der Analyt in einer Probe mit einer vorher festgelegten Ergebnisunsicherheit quantifiziert werden kann.

Die Ergebnisunsicherheit stellt das Verhältnis der jeweiligen Grenzkonzentration zum 95% Vertrauensbereich dar. Verwendet wird in den Berechnungen ein Faktor K von 2 oder 3, was einer Ergebnisunsicherheit von 50% bzw. 33,33% entspricht.

Soll ein Analyt in einer Probe mit sehr geringem Gehalt bestimmt werden, gibt es nach DIN 32645 sechs Grenzfälle:

- Eine Analytkonzentration unter der Nachweisgrenze x_{NG}:
  Der Nachweis ist in weniger als 50% erfolgreich

- Eine Konzentration an der Nachweisgrenze x_{NG}:
  Der Nachweis ist in durchschnittlich 50% der Fälle erfolgreich

- Eine Konzentration zwischen der Nachweisgrenze x_{NG} und der Erfassungsgrenze x_{EG}:
  Der Nachweis ist zwischen 50 und 95% der Fälle erfolgreich

- Eine Konzentration an der Erfassungsgrenze x_{EG}:
  Der Nachweis ist durchschnittlich in 95% der Fälle positiv

- Eine Konzentration zwischen Erfassungs- und Bestimmungsgrenze x_{BG}:
  Der Nachweis ist gelungen, eine Quantifizierung mit der notwendigen statistischen Sicherheit P ist unsicher

- Eine Konzentration an der Bestimmungsgrenze x_{BG}:
  Die Quantifizierung ist mit der notwendigen statistischen Sicherheit P möglich. Die Ergebnisunsicherheit wurde mit $K=2$ oder $K=3$ festgelegt

Nachfolgendes Beispiel soll den Zusammenhang verdeutlichen.

Läßt man eine wässrige, kupferionenhaltige Probenlösung mit dem Reagenz BCO reagieren, entsteht eine sehr ausgeprägte Blaufärbung, die im Fotometer vermessen werden kann. Wird die Konzentration an Kupfer geringer, entsteht eine schwächere Blaufärbung, dadurch wird sich ein niedrigerer Extinktionswert am Fotometer bemerkbar machen. Sind keine Kupferionen in der Probe, entsteht keine Blaufärbung, die gegen eine Blindlösung gemessene Extinktion wird Null sein. Bei derartigen Analysen wird oft destilliertes Wasser als Verdünnungslösemittel verwendet. Jedes destillierte Wasser, das durch Kupferleitungen floß, löst etwas Kupfer ab. Das Verdünnungsmittel, destilliertes Wasser, ist nicht mehr kupferionenfrei und ergibt bei der Analyse einen kleinen Blindwert (Leerwert). Wird dieser Blindwert überschritten, ist der Kupfernachweis der eigentlichen kupferhaltigen Probe gelungen. Bei einer Reihe von identischen Kupferproben in der Nähe der Nachweisgrenze x_{NG} tritt in durchschnittlich der Hälfte eine meßbare Blaufärbung auf, bei der anderen Hälfte bleibt die Blaufärbung unter der Meßschwelle des Fotometers. Diese Konzentration, bei der *die Hälfte der Messungen positiv ist*, nennt man nach DIN 32645 Nachweisgrenze. Oberhalb der Nachweisgrenze steigt die Erfolgsquote an. Bei der Erfassungsgrenze x_{EG} werden der statistischen Sicherheit gemäß (meistens $P=95\%$) von 100 Messungen 95 positiv werden.

Nachweis- und Erfassungsgrenzen sind nur qualitative Grenzen zur Entscheidung, ob der Analyt, z.B. das Kupferion, überhaupt in der Probe vorhanden ist. Die Bestimmungsgrenze x_{BG}, eine quantitative Grenze, beschreibt den kleinsten Gehalt in der Probe, der mit einer vorgegebenen Sicherheit quantifiziert werden kann. Konzentrationen an Kupfer unter der Bestimmungsgrenze x_{BG} lassen sich nur noch qualitativ beschreiben.

Zur Bestimmung der genannten drei Grenzwerte gibt es grundsätzlich drei Methoden [3]:

- die Blindwertmethode
- die Kalibriermethode
- die Abschätzmethode

Die nach den drei Methoden ermittelten Grenzwerte unterscheiden sich zwar im Zahlenbetrag, die Unterscheidung ist jedoch in den meisten Fällen nicht signifikant. Die Ursache für die geringe Differenz liegt meistens in dem unterschiedlichen Betrag des Blindwertes. Entweder wurde dieser Blindwert direkt mit Hilfe von Blindlösungen gemessen oder mit Hilfe des Ordinatenabschnitts b aus der Geradengleichung abgeschätzt.

Als mathematische Voraussetzungen zur Bestimmung der drei Grenzwerte sind zu nennen:

- Die Meßwerte der Blindwerte (an Leerproben) sind voneinander unabhängig und normalverteilt.
- Zwischen der Meßgröße (z. B. der Peakfläche) und dem Gehalt besteht ein funktionaler Zusammenhang, der durch eine Gerade dargestellt werden kann.

8.1 Ermittlung der Nachweis-, Erfassungs- und Bestimmungsgrenze aus Blindwertuntersuchungen

Um den prinzipiellen Unterschied der Nachweis- und Erfassungsgrenze zu beschreiben, kann man von zwei Grenzfällen ausgehen:

- die Probe enthält den Analyten nicht, ein trotzdem erhaltener Meßwert oberhalb 0 ist auf die schlechte Präzision des Verfahrens zurückzuführen
- die Probe enthält zwar den Analyten, der Meßwert ist jedoch „kritisch"

Ist die Blindprobe frei vom Analyten und wäre die Bestimmung (unrealistischerweise) völlig präzise und korrekt, erhielte man nur Signalwerte, die den Zustand „Konzentration $x = 0$" beschreiben. Realistischerweise erhält man Werte, die eine gewisse, normalverteilte Streuung um die Konzentration $x = 0$ zeigen (Abb. 8-2).

Wenn von einer zu untersuchenden Probe, die auf die Anwesenheit des Analyten überprüft werden soll, eine sehr geringe Analytkonzentration größer als $x = 0$ nachgewiesen wurde, streuen diese Werte ebenfalls um den Mittelwert (Abb. 8-3).

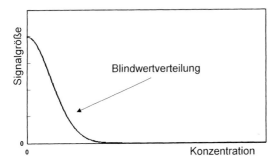

Abb. 8-2. Normalverteilte Blindwerte

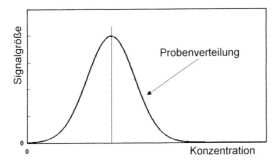

Abb. 8-3. Streuung der Analysenergebnisse der Probe

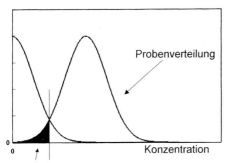

Fehler 2. Art

Abb. 8-4. Fehler zweiter Art

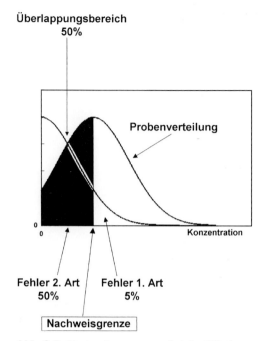

Überlappungsbereich
50%

Probenverteilung

0

0   **Konzentration**

Fehler 2. Art   Fehler 1. Art
50%   5%

Nachweisgrenze

Abb. 8-5. Nachweisgrenze x_{NG} bei der Blindwertmethode

In der gemeinsamen Darstellung (Abb. 8-4) ist eine eindeutige Zuordnung zur Blindprobe oder einer realen Konzentration nicht möglich, da beide Verteilungen überlappen. Es ist möglich, daß der Analyt in der Probe identifiziert wird, obwohl er in der Probe nicht vorkommt („Fehler zweiter Art").

Wird der „kritische Wert der Meßgröße y_K" z.B. bei $P = 95\%$ angelegt, überlappen sich beide Verteilungen. Bei der Konzentration, bei der ein Fehlerrisiko von 50% besteht, daß ein Analyt identifiziert wird, obwohl das Signal zur Streuung des Blindwertes gehört, nennt man nach DIN 32 645 Nachweisgrenze x_{NG}. Wie man aus Abb. 8-5 erkennen kann, wird nur in 5% aller Fälle der Analyt nachgewiesen, obwohl die Substanz analytfrei ist (Fehler erster Art).

Legt man die Verteilungen um den Blindwert und um die Probenbestimmung so übereinander, daß die Überlappung der beiden Verteilungen nur noch jeweils 5% der Flächen ausmachen, ist der „Fehler erster Art" und der „Fehler zweiter Art" gleich groß. Diese Konzentration der Probenverteilung wird dann als Erfassungsgrenze x_{EG} bezeichnet. Unter der Voraussetzung, daß beide Fehler gleich groß sind, ist die Erfassungsgrenze doppelt so hoch wie die Nachweisgrenze x_{NG} (Abb. 8-6).

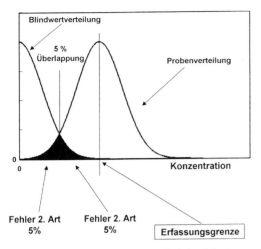

Abb. 8-6. Erfassungsgrenze x_{EG} bei der Blindwertmethode

Zur Festlegung der Bestimmungsgrenze x_{BG} wird die Konzentration so erhöht, daß die Überschneidungsbereiche der Verteilungen von Blindprobe und Probe unter 5% fallen. Abbildung 8-7 zeigt die Verhältnisse bei der Ermittlung der Bestimmungsgrenze x_{BG}.

Zur Bestimmung der Nachweisgrenze x_{NG} werden $\hat{N}$ Parallelmessungen an N unabhängig hergestellten Blindproben durchgeführt. Aus allen Werten wird der Mittelwert $\bar{y}_B$ und die Standardabweichung s_y berechnet. Mit Hilfe der Gl. (8-1) kann der „kritische Wert der Meßgröße y_K" berechnet werden. Dieser Grenzwert ist die Summe aus dem Blindwert und der Breite des einseitigen Prognoseintervalls [3].

$$y_K = \bar{y}_B + s_y \cdot t \cdot \sqrt{\frac{1}{\hat{N}} + \frac{1}{N}} \qquad (8\text{-}1)$$

In Gl. (8-1) bedeutet:

y_K kritischer Wert der Meßgröße
$\bar{y}_B$ Mittelwert der Blindwertmessungen
s_y Standardabweichung der N Blindwertmessungen
N Anzahl der Blindwerte
$\hat{N}$ Anzahl der Parallelmessungen
t t-Wert (Tabelle mit *einseitiger* Fragestellung, $f = N{-}1$, $P = 95\%$)

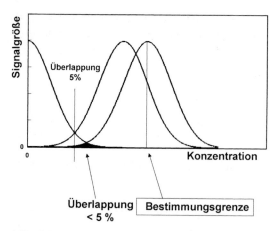

Abb. 8-7. Verhältnisse bei der Bestimmungsgrenze x_{BG}

Es ist zu beachten, daß der t-Wert der Tabelle mit „einseitiger Fragestellung" entnommen wird. An statistischer Sicherheit wird $P = 95\%$ vorgeschlagen.

Die Nachweisgrenze x_{NG} erhält man durch Einsetzen des „kritischen Wertes der Meßgröße y_K" in die Kalibrierfunktion $y = m \cdot x + b$ und das Ersetzen des Ordinatenabschnittes b durch den Mittelwert der Blindwertmessung $\bar{y}_B$ (Gl. 8-2).

$$x_{NG} = \frac{s_y}{m} \cdot t \cdot \sqrt{\frac{1}{\tilde{N}} + \frac{1}{N}} \qquad (8\text{-}2)$$

Die Erfassungsgrenze x_{EG} wird berechnet mit Gl. (8-3):

$$x_{EG} = 2 \cdot x_{NG} = 2 \cdot \frac{s_y}{m} \cdot t \cdot \sqrt{\frac{1}{\tilde{N}} + \frac{1}{N}} \qquad (8\text{-}3)$$

Die Bestimmungsgrenze x_{BG} wird bei einer statistischen Sicherheit von $P = 95\%$ durch etwa die *sechsfache* Standardabweichung s_x (in x-Richtung!) des Streubereiches der Blindproben beschrieben. Das entspricht etwa der dreifachen Nachweisgrenze. Daher kann die Bestimmungsgrenze x_{BG} durch die Näherung in Gl. (8-4) abgeschätzt werden.

$$x_{BG} \approx 3 \cdot x_{NG} \qquad (8\text{-}4)$$

Normalerweise reicht die Genauigkeit der Gl. (8-4) zur Abschätzung der Bestimmungsgrenze x_{BG} aus.

Beispiel: Bei einer fotometrischen Phosphorbestimmung mit Vanadatlösung, die selbst leicht gelb gefärbt ist, werden 10 Blindlösungen (Lösungen ohne Phosphor) unabhängig voneinander hergestellt und jeweils die Extinktion gemessen.

Die ermittelten Meßergebnisse sind (Extinktion):

0,007 / 0,006 / 0,004 / 0,007 / 0,009 / 0,009 / 0,008 / 0,006 / 0,007 / 0,007

Der Mittelwert y_B der 10 Messungen beträgt 0,007. Die Standardabweichung s_y der zehn Messungen beträgt 0,00149. Es wird von normalverteilten Werten ausgegangen.

Eine unabhängig aufgenommene und akzeptierte Kalibrierfunktion dieser Bestimmung lautet nach Gl. (8-5):

$$y = 0,001068 \cdot x + 0,00743 \tag{8-5}$$

Der lineare Verlauf der Funktion wurde nachgewiesen. Es soll von einer statistischen Sicherheit von $P = 95\%$ ausgegangen werden. Der t-Wert beträgt nach der „einseitigen t-Tabelle" ($f = 10-1$ und $P = 95\%$) 1,83.

Der „kritische Wert der Meßgröße y_K" wird nach Gl. (8-1) berechnet:

$$y_K = 0,007 + 0,00149 \cdot 1,83 \cdot \sqrt{\frac{1}{1} + \frac{1}{10}} = \underline{0,00986} \tag{8-6}$$

Wird die Extinktion größer als 0,00986, kann Phosphor als nachgewiesen gelten.

Die dazugehörige Konzentration wird berechnet nach Gl. (8-2):

$$x_{NG} = \frac{0,00149}{0,001068} \cdot 1,83 \cdot \sqrt{\frac{1}{1} + \frac{1}{10}} = \underline{2,678}\,\mu g\,P \tag{8-7}$$

Die Bestimmung der Nachweisgrenze mit dieser Methode ergab 2,678 µg Phosphor. Die Erfassungsgrenze x_{EG} beträgt das doppelte der Nachweisgrenze x_{NG}, also 5,356 µg P.

Die Bestimmungsgrenze wird mit Gl. (8-4) abgeschätzt.

$$x_{BG} \approx 3 \cdot 2,678 = \underline{8,034}\,\mu g\,P \tag{8-8}$$

8.2 Ermittlung der Nachweis-, Erfassungs- und Bestimmungsgrenze aus Kalibrierkenndaten

Das Blindwertverfahren setzt voraus, daß sich die Meßwertstreuungen des Blindwertes nicht von der Streuung der Probe unterscheiden. Bei der Blindwertmethode entstehen bei der Messung der Blindwerte zwangsläufig sehr kleine Signalwerte, die naturgemäß zu sehr hohen Fehlerquoten führen. Weiterhin sind die Meßwerte der Blindlösungen oft nicht in dem Maß normalverteilt, wie es für die Auswertung nach der Blindwertmethode notwendig wäre.

Aufgrund der beschriebenen Nachteile sollte der Anwender, falls dies möglich ist, immer mit Hilfe der Kalibriermethode die Nachweis-, Erfassungs- und Bestimmungsgrenze ermitteln.

Grundvoraussetzung für diese Methode ist, daß [3]:

- die Kalibrierfunktion linear sein muß (ggf. Anpassungstest nach Mandel, siehe Kapitel 7),
- im untersuchten Bereich eine Varianzenhomogenität nachgewiesen ist,
- die Kalibrierlösungen unabhängig voneinander hergestellt und gemessen worden sind und
- der gewählte Arbeitsbereich die Bestimmungsgrenze mit einschließt.

Das Verhältnis von errechneter Nachweisgrenze x_{NG} und dem höchsten Kalibrierwert (x_N) sollte nicht den Faktor 15 überschreiten, weil in diesem Bereich die Varianzen als homogen angesehen werden können [3]. Erweist sich beim Berechnen der Nachweisgrenze, daß der Faktor 15 überschritten wurde, müssen die entsprechenden Werte gestrichen werden. Werden jedoch mehr als zwei Werte gestrichen, ist die gesamte Kalibrierung zur Bestimmung der Nachweisgrenze zu wiederholen.

Zunächst wird bei der Kalibriermethode die Nachweis- und Bestimmungsgrenze für den Analyten grob abgeschätzt. Dann wird der Arbeitsbereich zur Herstellung der Kalibrierlösungen so gewählt, daß die beiden grob abgeschätzten Grenzwerte eingeschlossen werden. Die Kalibrierlösungen, die den Analyten enthalten, werden voneinander unabhängig und sehr sorgfältig hergestellt und vermessen.

Nach der Prüfung, ob eine Varianzenhomogenität der Meßwerte zwischen der Kalibrierlösung mit dem höchsten Gehalt und der Lösung mit dem geringsten Gehalt besteht, muß geprüft werden, ob die Linearität der Meßfunktion akzeptiert werden kann. Dazu kann der in Kapitel 7 beschriebene Mandel-Test dienen.

Der Schnittpunkt der Kalibriergeraden mit der y-Achse (Ordinatenabschnitt b) ist ein Schätzwert für den Blindwert, an dieser Stelle ist die Konzentration $x=0$. Danach werden die Prognosebänder mit der statistischen Sicherheit von $P=95\%$ berechnet. Die Verfahrensweisen dieser Prüfungen sind dem Kapitel 7 zu entnehmen.

Die Breite des Prognosebandes (in y-Richtung) gibt die Streuung des Signalwertes an. Innerhalb dieser Streuung ist der Signalwert bei der entsprechenden Konzentration mit der angenommenen statistischen Sicherheit P zu erwarten. Dazu ist der t-Wert der „einseitigen Fragestellung" zu entnehmen. In Abb. 8-8 sind die Zusammenhänge zum besseren Verständnis nochmals abgebildet.

Betrachten wir das Prognoseband des Blindwertes, also den Signalwert, beim Durchgang der Kalibriergeraden durch die y-Achse bei der Konzentration $x=0$. An der Stelle, wo das *obere* Prognoseband (mit einseitiger Fragestellung und $f=N-2$) die y-Achse schneidet, wird gemäß Abb. 8-9 der Streubereich der „kritischen Größe des Meßwertes y_K" aufgetragen. An der Stelle, wo die Kalibriergerade die y-Achse schneidet (Blindwert), wird der Streubereich der Blindprobe aufgetragen.

Durch Extrapolieren der „kritischen Größe des Meßwertes y_K" auf die Kalibriergerade und das Fällen des Lotes von der Stelle auf die x-Achse erhält man nach DIN 32 645 die Nachweisgrenze x_N. Zum gleichen Ergebnis führt die Ex-

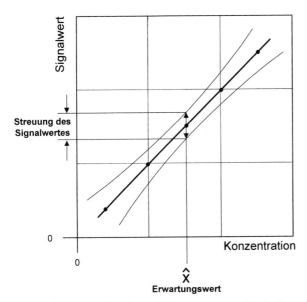

Abb. 8-8. Prognosebänder und Erwartungswert (stark überzeichnet)

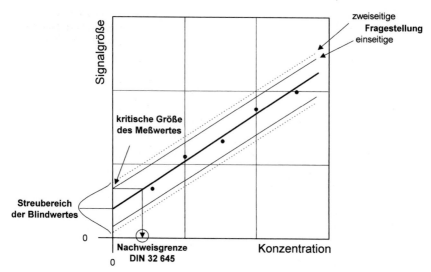

Abb. 8-9. Streubereich der Blindprobe und die Nachweisgrenze (nach DIN 32 645)

trapolation vom Blindwert zum unteren Prognoseband. An der Stelle beträgt das Fehlerrisiko „zweiter Art" nur noch 50%.

Wird dagegen von der „kritischen Größe des Meßwertes y_K" bis zum unteren Prognoseband extrapoliert, beträgt der „erste Fehler" und der „zweite Fehler" nur noch 5%. Diese sich ergebende Konzentration ist nach DIN 32 645 die Erfassungsgrenze x_{EG}. Der Wert ist durch die Symmetrie des Prognosebandes genau doppelt so groß wie die Nachweisgrenze x_{NG} (Abb. 8-10).

Die genaue Berechnung der Nachweis- und Bestimmungsgrenze erfolgt mit Gl. (8-9):

$$x_{NG} = \frac{s_y}{m} \cdot t \cdot \sqrt{\frac{1}{\hat{N}} + \frac{1}{N} + \frac{\bar{x}^2}{Q_{xx}}} \tag{8-9}$$

In Gl. (8-9) bedeutet:

t	t-Wert (einseitige Fragestellung, $f = N - 2$, $P = 95\%$)
s_y	Reststandardabweichung
N	Anzahl der Kalibrierlösungen
$\hat{N}$	Anzahl der Parallelmessungen
m	Steigung der Geraden
Q_{xx}	Summe der Abweichungsquadrate, $Q_{xx} = \sum (x_i - \bar{x})^2$, siehe dazu Kapitel 7
$\bar{x}$	Mittelwert des Arbeitsbereiches

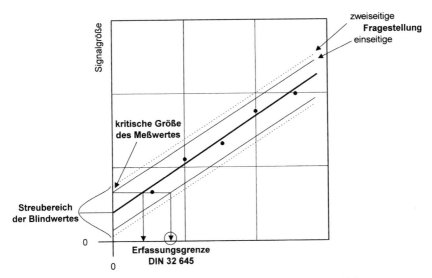

Abb. 8-10. Verhältnisse bei der Erfassungsgrenze x_{EG} (nach DIN 32 645)

Um einen Analyt zu quantifizieren, muß sich der Streubereich des Analysenwertes signifikant vom Streubereich der Blindwerte unterscheiden.

Für einen Schätzwert der Bestimmungsgrenze x_{BG} kann der Wert grafisch der Kalibrierfunktion entnommen werden (siehe dazu Abb. 8-11).

Für die Berechnung eines genaueren Wertes nach DIN 32 645 wird die Breite des zweiseitigen Prognoseintervalls der Bestimmungsgrenze nach Gl. (8-10) berechnet:

$$\Delta x_{BG} = \frac{s_y}{m} \cdot t \cdot \sqrt{\frac{1}{\hat{N}} + \frac{1}{N} + \frac{(x - \bar{x})^2}{Q_{xx}}} \qquad (8\text{-}10)$$

In Gl. (8-10) bedeutet:

t t-Wert (zweiseitige Fragestellung, $f = N - 2$, $P = 95\%$)
s_y Reststandardabweichung
N Anzahl der Kalibrierlösungen
$\hat{N}$ Anzahl der Parallelmessungen
m Steigung der Geraden
Q_{xx} Summe der Abweichungsquadrate, $Q_{xx} = \sum (x_i - \bar{x})^2$, siehe dazu Kapitel 7
$\bar{x}$ Mittelwert des Arbeitsbereiches

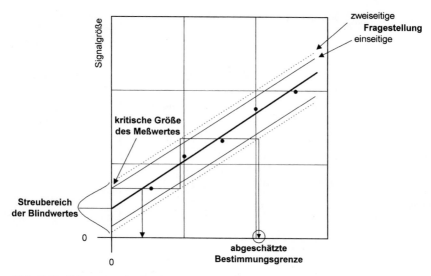

Abb. 8-11. Schätzwert der Bestimmungsgrenze x_{BG}

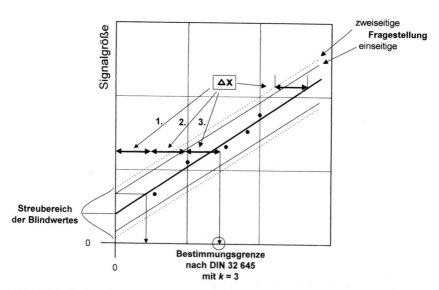

Abb. 8-12. Verhältnisse bei der Bestimmungsgrenze mit $k = 3$ (nach DIN 32 645)

Die Bestimmungsgrenze x_{BG} wird nach DIN 32 645 berechnet mit Gl. (8-11):

$$x_{BG} \approx k \cdot \Delta x_{BG} \tag{8-11}$$

Üblicherweise wird $k=3$ empfohlen [3], dann beträgt die relative Fehlerunsicherheit nur noch 33,3% auf dem vorgegebenen $P=95\%$. Die grafischen Verhältnisse bei der Bestimmungsgrenze kann man aus Abb. 8-12 erkennen.

Wird in Gl. (8-7) der x-Wert unter der Wurzel durch x_{BG} ersetzt und die entstehende Iterationsgleichung vereinfacht, indem dieser x_{BG}-Wert unter der Wurzel durch die Näherung $x_{BG} = k \cdot n_{NG}$ ersetzt wird, erhält man Gl. (8-12):

$$x_{BG} = k \cdot \frac{s_y}{m} \cdot t \cdot \sqrt{\frac{1}{\hat{N}} + \frac{1}{N} + \frac{(k \cdot x_{NG} - \bar{x})^2}{Q_{xx}}} \tag{8-12}$$

In Gl. (8-12) bedeutet:

t t-Wert (zweiseitige Fragestellung, $f=N\text{–}2$, $P=95\%$)
s_y Reststandardabweichung
N Anzahl der Kalibrierlösungen
$\hat{N}$ Anzahl der Parallelmessungen
m Steigung der Geraden
Q_{xx} Summe der Abweichungsquadrate, $Q_{xx} = \sum (x_i - \bar{x})^2$, siehe dazu Kapitel 7
k Faktor, empfohlen 3 (entspricht 33,33% Fehlerunsicherheit)
x_{NG} Nachweisgrenze nach DIN 32 645
$\bar{x}$ Mittelwert des Arbeitsbereiches

Beispiel: Bei einer fotometrischen Phosphorbestimmung mit Vanadatlösung, die selbst leicht gelb gefärbt ist, werden unabhängig 10 Kalibrierlösungen im Arbeitsbereich zwischen 40 und 130 µg P hergestellt und von jeder Lösung die Extinktion gemessen. Die Ergebnisse sind in Tabelle 8-1 aufgeführt.

Die lineare Regression ergab folgende Werte (Gl. 8-13)

$$y = 0,001068 \cdot x + 0,00743 \tag{8-13}$$

Der Korrelationskoeffizient r beträgt 0,9991. Die Reststandardabweichung s_y beträgt 0,0014827. Der t-Wert für $f=N\text{–}2$, $P=95\%$ und aus der einseitigen t-Tabelle ist 1,86.

Zur Berechnung von Q_{xx} wird jeder Konzentrationswert von der Mitte des Arbeitsbereiches ($\bar{x} = 85$ µg P) subtrahiert und die Differenzen quadriert. Die

Tabelle 8-1. Meßwerte

Konzentration P in µg	Extinktion
40	0,050
50	0,063
60	0,069
70	0,081
80	0,094
90	0,105
100	0,114
110	0,124
120	0,135
130	0,147

Tabelle 8-2. Berechnung von Q_{xx}

Konzentration x_i	Mittlere Konzentration $\overline{x}$	$x_i - \overline{x}$	$(x_i - \overline{x})^2$
0	85	−45	2025
50	85	−35	1225
60	85	−25	625
70	85	−15	225
80	85	−5	25
90	85	5	25
100	85	15	225
110	85	25	625
120	85	35	1225
130	85	45	2025
		Summe (Q_{xx})	**8250**

Summe der Differenzenquadrate ist der Q_{xx}-Wert. Die Werte sind in Tabelle 8-2 angeordnet.

Durch Einsetzen aller Daten in Gl. (8-9) erhält man die Nachweisgrenze x_{NG}:

$$x_{NG} = \frac{0,0014827}{0,001068} \cdot 1,86 \cdot \sqrt{\frac{1}{1} + \frac{1}{10} + \frac{85^2}{8250}} = 3,630 \, \mu g \, P \qquad (8-14)$$

Das Verhältnis V von ermittelter Nachweisgrenze von 3,630 µg P und dem höchsten Kalibrierwert (130 µg) überschreitet nach Gl. (8-15) deutlich den Wert 15.

Tabelle 8-3. Kalibrierlösungen niedrigerer Konzentrationen

Konzentration P in μg	Extinktion
10	0,010
15	0,020
20	0,028
25	0,033
30	0,040
35	0,046
40	0,056

$$V = \frac{130}{3,629} = 35,8 \tag{8-15}$$

Von einer Varianzhomogenität ist *nicht* auszugehen. Die vorgenommene Abschätzung der Nachweisgrenze x_{NG} ist daher nicht zulässig und muß mit Kalibrierlösungen geringer Konzentrationen wiederholt werden.

Zu diesem Zweck wurden sieben Kalibrierlösungen niedrigerer Konzentration hergestellt und gemessen. Die Ergebnisse sind in Tabelle 8-3 aufgeführt. Die lineare Regression ergab folgende Werte:

$$y = 0,001443 \cdot x - 0,002786 \tag{8-16}$$

Der Korrelationskoeffizient r beträgt 0,99586, die Reststandardabweichung s_y beträgt 0,001558. Der Mandel-Test ergab eine Prüfgröße von $PG = 0,1463$ bei einer Vergleichsgröße von 21,2, so daß eine lineare Funktion akzeptiert werden kann.

Der Q_{xx}-Wert beträgt 700. Der t-Wert für $f = N–2$, $P = 95\%$ aus der einseitigen t-Tabelle ergibt 2,02.

Daraus errechnet sich nach Gl. (8-7) die Nachweisgrenze von 3,105 μg P. Der Konzentrationsfaktor V zwischen der Nachweisgrenze und der Kalibrierlösung mit dem höchsten Gehalt beträgt $V = \frac{40}{3,105} = 12,88$. Das Verhältnis V ist kleiner als 15, die Nachweisgrenze x_{NG} ist akzeptabel, es kann von Varianzenhomogenitäten ausgegangen werden.

Die Berechnung der Bestimmungsgrenze x_{BG} wird nach Gl. (8-12) vorgenommen mit $k = 3$ und t (zweiseitig, $f = N–2$, $P = 95\%$) $= 2,57$:

$$x_{BG} = 3 \cdot \frac{0,001558}{0,001443} \cdot 2,57 \cdot \sqrt{\frac{1}{1} + \frac{1}{7} + \frac{(3 \cdot 3,105 - 25)^2}{700}} = 10,706 \, \mu g \, P \tag{8-17}$$

8.3 Ermittlung der Nachweis-, Erfassungs- und Bestimmungsgrenze mit Hilfe einer Schnellschätzung nach DIN 32 634

Die in den DIN 32 634 verwendeten Schnellschätzungen dienten als Erleichterung des Berechnungsaufwandes. Durch die Verwendung von MVA® oder SQS® sollten diese Methoden nur noch auf früher verwendete Schätzwerte angewendet werden.

Die Nachweisgrenze x_{NG} kann bei der Kalibriergeradenmethode nach DIN 32 634 vereinfacht als Vielfaches der Verfahrensstandardabweichung s_{x0} aufgefaßt werden (Gl. 8-18).

$$x_{NG} \approx 1{,}2 \cdot \Phi \cdot \frac{s_y}{m} \tag{8-18}$$

Der in Gl. (8-18) vorhandene Faktor Φ wird mit Hilfe von Gl. (8-19) berechnet:

$$\Phi = t \cdot \sqrt{1 + \frac{1}{N}} \tag{8-19}$$

In Gl. (8-18) und (8-19) bedeutet:

t t-Wert (einseitige Fragestellung, $f = N - 1$, $P = 95\%$)
N Anzahl der Kalibrierdaten
s_y Reststandardabweichung
m Steigung der Geraden

Wie bereits in Abschnitt 8.2 erwähnt wurde, gilt, daß x_{BG} und x_{NG} annähernd über einen Faktor k verbunden sind (Gl. 8-20).

$$x_{BG} \approx k \cdot x_{NG} \tag{8-20}$$

Als Faktor k wird gewöhnlich der Wert 3 gewählt.

Beispiel: Es werden die Werte der Phosphorbestimmung aus Abschnitt 8.2 benutzt.

Der Faktor Φ wird nach Gl. (8-12) mit einem t-Wert (einseitig, $P = 95\%$, $f = N - 1 = 6$) von 1,94 berechnet:

$$\Phi = 1{,}94 \cdot \sqrt{1 + \frac{1}{10}} = 2{,}035 \tag{8-21}$$

Die Nachweisgrenze wird mit Hilfe von Gl. (8-9) abgeschätzt.

$$x_{NG} \approx 1{,}2 \cdot 2{,}035 \cdot \frac{0{,}001558}{0{,}001443} = \underline{2{,}637}\ \mu g\,P \qquad (8\text{-}22)$$

Die Bestimmungsgrenze wäre dann nach Gl. (8-20):

$$x_{BG} \approx 3 \cdot 2{,}637 = \underline{7{,}911}\ \mu g\,P \qquad (8\text{-}23)$$

8.4 Vertrauensbereiche der Grenzwerte

Die Nachweis-, Erfassungs- und Bestimmungsgrenzen werden, gleichgültig mit welcher Methode sie ermittelt wurden, mit Hilfe von Standardabweichungen abgeschätzt. Für Standardabweichungen kann ein Vertrauensbereich berechnet werden (siehe Kapitel 4). Nach dem Fehlerfortpflanzungsgesetz können somit auch für die berechneten Grenzwerte Vertrauensbereiche berechnet werden. Nach der DIN 32 645 werden die Werte mit den in Tabelle 8-4 zusammengefaßten Faktoren κ_u und κ_o multipliziert.

Die Nachweis- und Erfassungsgrenzen liegen mit einer statistischen Sicherheit von $P = 95\%$ zwischen den mit oberem und unterem Faktor errechneten Extremwerten.

Für die im Abschnitt 8.3 berechnete Nachweisgrenze $x_{NG} = 3{,}105\ \mu g\,P$ aus der Kalibrierung mit $N = 7$ beträgt das Vertrauensintervall (mit $f = N{-}1 = 6$) mit Hilfe der Werte der Tabelle 8-4:

Tabelle 8-4. Faktoren zur Berechnung der Vertrauensbereiche nach DIN 32 645 ($P = 95\%$)

Freiheitsgrad	κ_u	κ_o
2	0,52	6,28
3	0,57	3,73
4	0,60	2,87
5	0,62	2,45
6	0,64	2,20
7	0,66	2,04
8	0,68	1,92
9	0,69	1,83
10	0,70	1,75
11	0,71	1,70

$$3{,}105 \cdot 0{,}64 = \underline{1{,}987}\,\mu g\,P \qquad\qquad (8\text{-}24)$$

und

$$3{,}105 \cdot 2{,}20 = \underline{6{,}831}\,\mu g\,P \qquad\qquad (8\text{-}25)$$

Mit einer statistischen Sicherheit von $P=95\%$ wird die „wahre" Nachweisgrenze im Bereich von 1,987 bis 6,831 µg P sein.

8.5 Übungsaufgabe

Die Abhängigkeit der Peakfläche eines Gaschromatogramms von der Menge an injiziertem Glycol ergab folgende Werte (Varianzenhomogenität zwischen der größten und kleinsten Kalibrierkonzentration wurde durch einen Vortest akzeptiert):

Glycolkonzentration (ppm)	Peakfläche (Counts)
0,1	12 134
0,2	24 345
0,3	36 459
0,4	48 999
0,5	60 345
0,6	72 991
0,7	82 993
0,8	94 356
0,9	107 867
1,0	116 567

Die statistischen Ergebnisse der Kalibrierung können ggf. der Übungsaufgabe in Kapitel 7 entnommen werden.

- Berechnen Sie die Nachweis- und Bestimmungsgrenze nach DIN 32 645 mit $P=95\%$ und $k=3$.
- Beurteilen Sie, ob die beiden ermittelten Grenzen zu akzeptieren sind (Varianzenhomogenität).

Die Ergebnisse dieser Übungsaufgabe finden Sie im Abschnitt 13.3.3.

9 Die Wiederfindung – ein Maß für die Richtigkeit

Die Richtigkeit eines Analysenverfahrens ist ein wichtiger Validierungsparameter. Nach ICH [24] drückt die Richtigkeit die Übereinstimmung eines gefundenen Wertes mit einem als „wahr" akzeptierten Wert bzw. mit einem Referenzwert aus. Eine mangelnde Übereinstimmung von „gefundenem" und „wahrem" Wert ist als Hinweis auf das Vorliegen eines systematischen Fehlers zu werten.

Die Richtigkeit kann abgeschätzt werden durch drei Verfahren:
- Vergleich der Ergebnisse mit einem bereits akzeptierten, unabhängigen Prüfverfahren
- Anwendung des Verfahrens auf ein Referenzmaterial
- Aufstockung von Analyten in die Probe

Der Vergleich zweier Prüfverfahren kann über den F- und Mittelwert-t-Test stattfinden. Es ist jedoch zu beachten, daß sich beide Verfahren wahrscheinlich in ihrer Spezifität unterscheiden. Dadurch kann es zu einem systematischen Einfluß auf die Prüfungsergebnisse kommen. In diesem Fall ist ein direkter statistischer Vergleich nicht statthaft.

In diesem Kapitel soll hauptsächlich die Beurteilung der Richtigkeit eines Analysenverfahrens durch ein Aufstockexperiment und dessen statistische Auswertung dargestellt werden. Bei Aufstockexperimenten soll darauf geachtet werden, daß sich die Analysenbedingungen sehr nahe an der Praxis orientieren. Dazu können „künstliche" Proben mit unterschiedlichen Analytkonzentrationen hergestellt werden, die dann analysiert werden. Oft werden jedoch zu der bereits vorhandenen Probe unterschiedliche Mengen an Analyten zusätzlich zugesetzt („aufgestockt" oder „gespikt"). Auch ist die Herstellung von Aufstocklösungen durch die Zugabe von Analyten, gelöst in einer Stammlösung zu einer Placebolösung, gängige Praxis.

Bei der in Kapitel 7 beschriebenen Kalibrierung mit 6 bis 10 Kalibrierlösungen wurden diese mit Hilfe eines reinen Analyten (Paracetamol) im reinen Lösemittel hergestellt. Die reale Probe, eine käufliche Schmerztablette, enthält darüber hinaus noch Begleitstoffe, wie z.B. Milchzucker, Stärke und andere Füllstoffe. Die in der realen Probe den Analyten umgebenden Materialien nennt man allgemein „Probenmatrix" oder nur kurz „Matrix". Die Matrix kann nun

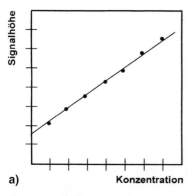
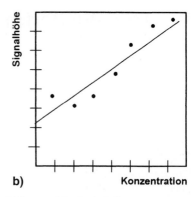

a)   **Konzentration**   b)   **Konzentration**

Abb. 9-1. Kalibrierung a) in reinem Lösemittel und b) unter Matrixeinfluß

unter Umständen einen mächtigen Einfluß auf das Analysenverfahren haben.
Sind z. B. in der Schmerztabletten-Matrix Substanzen vorhanden, die gleichfalls
UV-Strahlen absorbieren, und die nicht vom Analyten abgetrennt werden können (z. B. durch HPLC oder andere Chromatographieverfahren), verspürt man
einen merklichen Matrixeinfluß auf die Kalibrierung. Man nennt solche Über-
lagerungseffekte auch „Interferenzen". Gleichzeitig werden sich die Systemprä-
zisionen deutlich verschlechtern (siehe Abb. 9-1).

Bei vielen natürlichen Proben ist die Matrix so kompliziert aufgebaut, daß
vor der Quantifizierung eine (teilweise) Matrixentfernung stattfinden muß.
Durch den notwendigen Probenaufschluß und die folgende Probenvorbereitung
kann es zu einer deutlichen Beeinflussung der Anwendbarkeit von Analysenverfahren kommen. Zum Beispiel ist bei der Quantifizierung von Konservierungs-
mitteln in Lippenstiften die Abtrennung der Fettmasse und der Aufkonzentrie-
rung der Konservierungsstoffe zur folgenden HPLC-Analyse aufwendig und
fehleranfällig. Durch die notwendigen und aufwendigen Probenvorbereitungs-
schritte können sich Veränderungen in der Präzision gegenüber der einfachen
Kalibrierung vom Analyten in Lösemittel ergeben.

Eine Kalibriergerade mit reinem Analyten kann gegenüber einer Kalibriergeraden unter Matrixeinfluß prinzipiell zwei Unterschiede aufweisen, die in
Abb. 9-2 gezeigt werden.

In der ersten Kurve ist die Abweichung der beiden Kalibriergeraden unabhängig von der Konzentration, die Abweichung ist über die ganze Kalibriergerade konstant. Man spricht hier von „konstant-systematischer Abweichung". Die
Ordinatenabschnitte b_1 und b_2 beider Kalibrierfunktionen sind unterschiedlich,
die Steigungen m_1 und m_2 sind jedoch gleich.

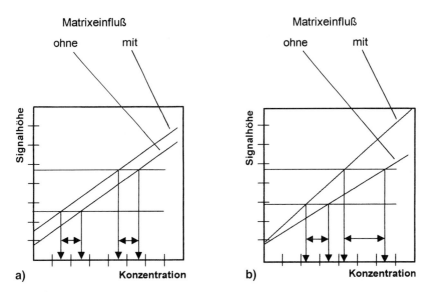

Abb. 9-2. a) Konstant-systematische und b) proportional-systematische Abweichung

Solche Abweichungen entstehen z. B., in dem eine andere aktive Substanz analysenbedingt im Auswertesignal miterfaßt wird.

In der zweiten Kurve der Abb. 9-2 ist die Abweichung der beiden Kalibriergeraden von der Konzentration des Analyten abhängig und bei jedem Konzentrationsniveau anders. Man spricht in diesem Fall von „proportional-systematischer Abweichung". Hier können beide Ordinatenabschnitte b_1 und b_2 gleich sein, die Steigungen m_1 und m_2 der beiden Kalibriergeraden sind jedoch immer unterschiedlich.

9.1 Schnelltest zur Bestimmung der Wiederfindungsrate WFR

Dieser Schnelltest ist nur dann sinnvoll einzusetzen, wenn die Zusammensetzung der Proben relativ konstant bleibt, z. B. bei Routineanalysen. Er deckt den Unterschied zwischen „theoretischer" und „praktischer" Konzentration auf, gibt jedoch keine Hinweise auf das Vorliegen einer konstant- oder proportional-systematischen Abweichung. Wir werden später noch feststellen, daß beim Vorliegen einer konstant-proportionalen Abweichung die Angabe der Wiederfindungsrate *WFR* nicht sinnvoll ist.

Zur Bestimmung der Wiederfindungsrate mit dem Schnelltest wird eine reale Probe dem Analysenverfahren unterworfen und der Signalwert y_0 mit Hilfe der Kalibrierfunktion ausgewertet. Man erhält die Konzentration der Urprobe x_0. Anschließend wird die Urprobe mit etwa der gleichen Konzentration an reinem Analyt x „aufgestockt". Die aufgestockte Probe wird dem gleichen Analysenverfahren unterworfen und der erhaltene Signalwert y_A über die gleiche Kalibrierfunktion ausgewertet. Man erhält nach der Auswertung die Konzentration x_A.

Die Differenz von aufgestockter Konzentration x_A und der Konzentration der Urprobe x_0 muß bei einer Wiederfindungsrate *WFR* von 100% die Menge an zugesetzter Substanz x sein.

Dazu ein Rechenbeispiel: Mit Hilfe einer standardisierten Analysenmethode wird festgestellt, daß eine Wasserprobe im Liter 359 µg Kupfer (x_0) enthält. Dem Wasser werden nun über eine Aufstocklösung weitere 300 µg Kupfer (x) zugefügt und das „aufgestockte" Wasser erneut der gleichen Analysenvorschrift unterworfen. Man findet jetzt z. B. 680 µg Kupfer im Liter (x_A).

Die gefundene, aufgestockte Konzentration c_G beträgt nach Gl. (9-1):

$$c_G = x_A - x_0 = 680 - 359 = 321\,\mu g/L \qquad (9\text{-}1)$$

Die tatsächlich über die Aufstocklösung neu hinzugefügte Konzentration an Kupfer beträgt $x = 300$ µg/L. Die Wiederfindungsrate wird berechnet nach Gl. (9-2):

$$WFR\% = \frac{c_G}{x} \cdot 100\% = \frac{321}{300} \cdot 100\% = \underline{107\%} \qquad (9\text{-}2)$$

Es wurde folglich 7% zuviel gefunden. Erfahrungsgemäß werden in der Praxis Wiederfindungsraten-Abweichungen bis zu 8% akzeptiert. Diese zu akzeptierende Abweichung von maximal 8% ist jedoch nur pragmatisch, nicht aber statistisch begründbar.

Regelmäßig ermittelte Wiederfindungsraten können in Wiederfindungsraten-Regelkarten eingetragen werden, dadurch sind Trends besser zu erkennen.

9.2 Die Wiederfindungsfunktion nach einem Aufstockexperiment

Die Bestimmung der Wiederfindungsrate *WFR* bei nur einer Konzentration hat den Nachteil, daß bei Wiederfindungsraten ungleich 100% über die Art des systematischen Fehlers keine Aussage gemacht werden kann.

Bei der **konstant-proportionalen** Abweichung ist der gemachte Fehler von der Konzentration des Analyten unabhängig. Das führt zu einer Parallelverschiebung der gemessenen Kalibriergeraden von der „richtigen" Gerade. Eine Veränderung des Ordinatenabschnitts *b* ist die Folge, die Steigung *m* des Verfahrens bleibt gleich. Meistens ist die Ursache dieser Parallelverschiebung in der unzureichenden Spezifität des verwendeten Analysenverfahrens zu suchen. Es werden durch die Analysenmethode neben dem Analyten auch Komponenten der Matrix erfaßt. In Abb. 9-2 ist die konstant-systematische Abweichung zu erkennen.

Bei der **proportional-systematischen** Abweichung ist der Fehler von der Konzentration des Analyten abhängig. Die Steigungen einer gemessenen und einer „richtigen" Geraden sind unterschiedlich. In Abb. 9-2 ist eine proportional-systematische Abweichung zu erkennen. Die Abweichungen dieser Art können durch veränderte Verfahrensschritte oder durch allerlei Matrixeffekte auftreten.

Durch die Ermittlung einer Wiederfindungsfunktion können systematische Abweichungen erkannt und klassifiziert werden.

9.2.1 Ermittlung der Wiederfindungsfunktion

Zunächst wird mit Hilfe reiner Analytsubstanzen und einem geeigneten Lösemittel eine ausreichende Anzahl von Standards unterschiedlicher Konzentrationen (x_{G1} bis x_{GN}) gemäß der Aufgabenstellung ohne Matrixsubstanzen hergestellt und analysiert. Aus den gewonnenen Daten wird die Kalibrierfunktion des Verfahrens gemäß Kap. 7 berechnet. Man nennt diese Bestimmung „Grundverfahren" bzw. „Grundkalibrierung".

Man erhält die Kalibrierfunktion des Grundverfahrens durch lineare Regression der zugehörigen Datenpaare nach Gl. (9-3):

$$y = m_G \cdot x + b_G \tag{9-3}$$

Nun wird die Analytsubstanz je nach Aufgabenstellung entweder einem anderen Vergleichsverfahren unterworfen oder dem Matrixeinfluß der *realen* Probe ausgesetzt und analysiert. Aus den neu gewonnenen Daten nach der Analyse y_{F1} bis y_{FN} werden mit Hilfe der ermittelten, umgestellten Grundanalysenfunktion gemäß Gl. (9-3) die Analysenergebnisse x_F berechnet.

$$x_F = \frac{y_F - b_G}{m_G} \tag{9-4}$$

Werden die so berechneten x_{F1} bis x_{FN}-Werte gegen die Grundkalibrierkonzentrationen x_{G1} bis x_{GN} aufgetragen, erhält man die Wiederfindungsgerade. Mit Hilfe der linearen Regression wird aus den Daten die Wiederfindungsfunktion berechnet (Gl. 9-5).

$$y = m_A \cdot x + b_A \tag{9-5}$$

Sind keine systematischen Abweichungen vorhanden, wird eine Wiederfindungsfunktion berechnet, bei der die Steigung $m_A = 1,0$ und der Ordinatenabschnitt $b_A = 0$ beträgt. Die Verfahrensstandardabweichungen beider Verfahren, dem Grundverfahren und dem Vergleichsverfahren, wären gleich. Wie wir noch sehen werden, ist die Abweichung m und b von 1 bzw. 0 das Maß für die Fehlerhöhe und gibt einen Hinweis auf die vorliegende Fehlerart.

Diese Vorgehensweise ist jedoch nur dann sinnvoll, wenn beide Verfahren, das Grundverfahren und das Aufstock- bzw. Vergleichsverfahren, vergleichbare Präzisionen besitzen. Durch den Vergleich der Verfahrensstandardabweichung des Grundverfahrens mit der des veränderten Verfahrens über einen F-Test wird auf signifikante Unterschiede geprüft. Dazu wird mit Hilfe der Gl. (9-6) eine Prüfgröße ermittelt.

$$PG = \left(\frac{s_{x0F}}{s_{x0G}} \right)^2 \tag{9-6}$$

Ist die Prüfgröße PG kleiner als die tabellierten F-Werte mit $f_1 = f_2 = N-2$, $P = 99\%$, kann ein signifikanter Unterschied der Standardabweichungen nicht nachgewiesen werden. Von vergleichbaren Präzisionen ist dann auszugehen. Liegt eine zu hohe Unpräzision vor, ist die Ursache zu ermitteln. Keinesfalls darf dann eine statistische Aussage über die Verfahren gemacht werden, da durch die erhöhte Unpräzision ein eventuell vorliegender systematischer Fehler verborgen bleibt.

Folgendes Beispiel soll die nicht ganz unkomplizierte Verfahrensweise transparent machen.

Tabelle 9-1. Daten der Originalkalibrierung von Kupfer in Wasser

Kupfer-Konzentration (mg/L)	Extinktion (y_{Fi})
0,5	0,096
1,0	0,196
1,5	0,278
2,5	0,465
3,0	0,579
3,5	0,679
4,0	0,763

Beispiel: Bei einer Kupferbestimmung in einem Abwasser wurde dieses mit BCO und einem Citratpuffer versetzt und die entstehende Blaufärbung mit Hilfe der VIS-Spektroskopie bei 600 nm ausgewertet. Bei der Grundkalibrierung mit sieben Kalibrierlösungen wurden die Meßwerte erhalten, die in Tabelle 9-1 aufgeführt werden.

Die lineare Regression des *Grundverfahrens* mit Hilfe eines Statistikprogrammes nach Kapitel 7 ergibt folgende Werte:

Anzahl der Daten N	7
Steigung m_G	0,1922
Ordinatenabschnitt b_G	–0,00263
Reststandardabweichung s_{yG}	0,0088
Korrelationskoeffizient r	0,9995
Verfahrensstandardabweichung s_{x0G}	0,0458

Die Grundfunktionsgleichung (9-7) lautet demnach:

$$y = 0,1922 \cdot x + (-0,00263) \tag{9-7}$$

Tabelle 9-2. Daten der Kalibrierung mit zusätzlicher Probenverarbeitung

Kupfer-Konzentration (mg/L)	Extinktion (y_{Fi})
0,5	0,091
1,0	0,185
1,5	0,261
2,5	0,441
3,0	0,554
3,5	0,644
4,0	0,721

Das bisher bewährte Verfahren muß wegen starker Schlammbildung im Wasser dahingehend modifiziert werden, daß die Wasserproben einem weiteren Filtrationsprozeß ausgesetzt werden.

Die nach der zusätzlichen Filtration der Kalibrierlösungen mit den gleichen Kupferkonzentrationen erhaltenen Meßwerte sind in Tabelle 9-2 aufgelistet.

Die lineare Regression dieser 7 Wertepaare nach dem veränderten Verfahren ergibt folgende Werte:

Steigung m_V	0,182459
Ordinatenabschnitt b_V	−0,00319
Reststandardabweichung s_{yV}	0,009764
Korrelationskoeffizient r	0,9993
Verfahrensstandardabweichung s_{x0V}	0,0535

Die Funktionsgleichung (9-8) des veränderten Verfahrens lautet demnach:

$$y = 0,18225 \cdot x + (-0,00319) \tag{9-8}$$

Als erstes werden die Vergleichbarkeit der Varianzen (Grundverfahren und Vergleichsverfahren) durch einen Varianzen-F-Test überprüft:

Nullhypothese: Es sind keine Varianzeninhomogenitäten nachweisbar (f_1, f_2, $P=99\%$).

Die Prüfgröße wird berechnet nach Gl. (9-6):

$$PG = \left(\frac{0,0535}{0,0458}\right)^2 = 1,36 \tag{9-9}$$

Der tabellierte F-Wert ($P=99\%$, $f_1 = 5$, $f_2 = 5$) beträgt 10,97.

Diagnose: Da die Prüfgröße *kleiner* als der tabellierte F-Wert ist, kann die Nullhypothese akzeptiert werden, eine Varianzeninhomogenität ist nicht nachweisbar.

Zur Abschätzung der Wiederfindungsfunktion werden die Signalwerte y_{F1} bis y_{F7} des *veränderten* Verfahrens (Tabelle 9-2) mit Hilfe der Grundkalibrierfunktion nach Gl. (9-7) ausgewertet. Dazu wird die Grundkalibrierfunktion Gl. (9-7) nach x umgestellt und die Extinktionswerte y_{F1} bis y_{F7} eingesetzt.

$$x_F = \frac{y_F - (-0,00263)}{0,19215} \tag{9-10}$$

Tabelle 9-3. Berechneter Gehalt an Kupfer

Gehalt an Kupfer (Original) (1)	Extinktion nach der Originalvorschrift y_G (2)	Extinktion nach veränderter Vorschrift y_F (3)	Gehalt an Kupfer berechnet, x_F (4)
0,5	0,096	0,091	0,4873
1,0	0,196	0,185	0,9765
1,5	0,278	0,261	1,3720
2,5	0,465	0,441	2,3088
3,0	0,579	0,554	2,8969
3,5	0,679	0,644	3,3652
4,0	0,763	0,721	3,7660

Für den ersten Wert der Tabelle 9-2 gilt beispielsweise mit $y_{F1} = 0,091$:

$$x_{F1} = \frac{0,091 - (-0,00263)}{0,19215} = \underline{0,4873 \text{ mg/L Cu}} \qquad (9\text{-}11)$$

Die Ergebnisse aller Berechnungen gemäß Gl. (9-10) werden in Tabelle 9-3, Spalte (4) eingetragen.

Zur Berechnung der Wiederfindungsfunktion wird von den Datenpaaren in der Spalte (1) und (4) der Tabelle 9-3 eine lineare Regression durchgeführt. Dabei wird der Wert der Spalte (4) als Ordinatenwert behandelt. Die lineare Regression ergab:

Bereichsmitte $\bar{x}$	2,2857 mg/L
Bereichsmitte $\bar{y}$	2,168 mg/L
Q_{xx}	10,42857
Steigung m_A	0,9496
Ordinatenabschnitt b_A	−0,00290
Reststandardabweichung $s_{y,A}$	0,0508

Die Wiederfindungsfunktion lautet gemäß Gl. (9-12):

$$y = 0,9496 \cdot x + (-0,0029) \qquad (9\text{-}12)$$

Wie aus Gl. (9-12) zu entnehmen, ist die Steigung m_A deutlich kleiner als 1,00 ($m_A = 0,9496$) und der Ordinatenabschnitt etwas kleiner als 0 ($b_A = -0,0029$).

Es stellt sich die Frage, ob die Unterschiede zu 1,0 bzw. 0 von signifikanter Art oder nur zufällig sind. Da die Meßwerte immer zufällige Fehler aufweisen, ergeben sich in der Praxis niemals die Idealwerte 1 bzw. 0.

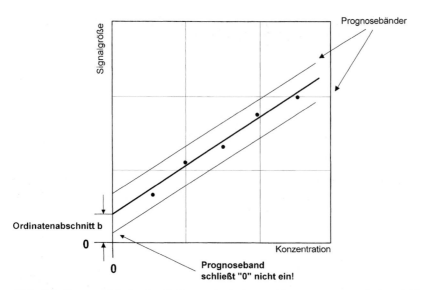

Abb. 9-3. Prognosebänder des Ordinatenabschnitts und konstant-systematischer Fehler

Zur Abschätzung des Fehlers müssen die Vertrauensbereiche *VB* des Ordinatenabschnittes b_A und der Steigung m_A der Wiederfindungsfunktion ermittelt werden:

- Schließt der Vertrauensbereich *VB* ($P=95\%$) der Steigung m_A *nicht* den Wert 1,0 mit ein, liegt eine proportional-systematische Abweichung vor.
- Schließt der Vertrauensbereich *VB* ($P=95\%$) des Ordinatenabschnittes b_A den Wert 0 *nicht* mit ein, liegt eine konstant-systematische Abweichung vor (Abb. 9-3).

Es ist zu beachten, daß die Breite des Vertrauensbandes von der Streuung der Meßwerte um die Ausgleichsgerade abhängt. Wird das Vertrauensband durch die Unschärfen zu breit, nimmt die Aussageschärfe des Verfahrens ab, weil dann die Werte b_A und m_A eher mit eingeschlossen werden.

Zur Berechnung der Vertrauensbereiche wird zunächst die Standardabweichung $s_{m,A}$ der Steigung m_A in der Wiederfindungsfunktion Gl. (9-13) berechnet:

$$s_{m,A} = \frac{s_{y,A}}{\sqrt{Q_{xx}}} \tag{9-13}$$

$$s_{m,A} = \frac{0{,}0508}{\sqrt{10{,}42857}} = \underline{0{,}01573} \tag{9-14}$$

Danach wird die Standardabweichung $s_{b,A}$ des *Ordinatenabschnitts* in der Wiederfindungsfunktion gemäß Gl. (9-15) berechnet:

$$s_{b,A} = s_{y,A} \cdot \sqrt{\frac{1}{N} + \frac{\bar{x}^2}{Q_{xx}}} \tag{9-15}$$

$$s_{b,A} = 0{,}0508 \cdot \sqrt{\frac{1}{7} + \frac{2{,}2857^2}{10{,}42857}} = \underline{0{,}04076} \tag{9-16}$$

Die Prüfung auf **konstant-systematische Abweichung** wird vorgenommen, in dem der Vertrauensbereich $VB_{b,A}$ des Ordinatenabschnitts b_A der Wiederfindungsfunktion berechnet wird. Dazu wird Gl. (9-17) benutzt:

$$VB_{b,A} = b_A \pm t \cdot s_{b,A} \tag{9-17}$$

Der t-Wert nach der „zweiseitigen Tabelle" mit $P=95\%$ und $f=N-2=5$ beträgt 2,571.

$$VB_{b,A} = -0{,}00290 \pm 2{,}571 \cdot 0{,}04076 \tag{9-18}$$

Der Vertrauensbereich $VB_{b,A}$ des Ordinatenabschnitts b_A der Wiederfindungsfunktion umfaßt die Werte von –0,1076 bis +0,10194.

Diagnose: Dieser Vertrauensbereich des Ordinatenabschnitts schließt den Wert „0" mit ein, somit ist ein *konstant-systematischer* Fehler bei der veränderten Arbeitsvorschrift nicht nachzuweisen ($P=95\%$).

Die Prüfung auf einen **proportional-systematischen Fehler** wird vorgenommen, indem der Vertrauensbereich $VB_{m,A}$ der Steigung m_A gemäß Gl. (9-19) berechnet wird.

$$VB_{m,A} = m_A \pm t \cdot s_{m,A} \tag{9-19}$$

$$VB_{m,A} = 0{,}9496 \pm 2{,}571 \cdot 0{,}01573 \tag{9-20}$$

Der Vertrauensbereich $VB_{m,A}$ der Steigung umfaßt die Werte von 0,9092 bis 0,9900.

Diagnose: Da der Wert „1,00" vom Vertrauensbereich *nicht* eingeschlossen wird, ist von einem *proportional-systematischen* Fehler auszugehen ($P=95\%$).

Ergebnis: Der Aufschluß ist methodisch zu verbessern.

9.2.2 Die Bedeutung der Wiederfindungsfunktion in der Praxis

Wie bereits erwähnt wird die Ermittlung der Wiederfindungsfunktion hauptsächlich bei der Überprüfung von veränderten Verfahrensschritten oder zum Nachweis von Matrixeinflüssen auf den Analyten benutzt.

Überprüfung von veränderten Analysenverfahren
Wurden bei der Überprüfung eines geänderten Verfahrens systematische Fehler nachgewiesen, so sollte versucht werden, die Ursache dieser Verfälschung zu finden. Wurde die Ursache gefunden, muß das Gesamtverfahren optimiert und die Wiederfindungsfunktion erneut abgeschätzt werden.

Oftmals lassen sich jedoch systematische Fehler nicht beseitigen. Dann ist die Methode der Standardaddition nach Abschnitt 9.3 anzuwenden. In den SOPs ist deutlich auf die Gefahr der systematischen Verfälschung hinzuweisen.

Die Wiederfindungsrate *WFR* kann bei dem Vorliegen einer *proportional-systematischen* Abweichung durch die Steigung m_A der Wiederfindungsfunktion berechnet werden:

$$WFR = m_A \cdot 100\% \tag{9-21}$$

In unserem Beispiel in Abschnitt 9.2.1 wäre die Wiederfindungsrate mit *WFR* = 94,96% anzugeben. Die Angabe wäre statthaft, da nur eine proportional-systematische Abweichung nachzuweisen ist.

Beim Vorliegen einer *konstant-systematischen* Abweichung ist die Angabe der Wiederfindungsrate *WFR* als Beleg für die Richtigkeit nicht sinnvoll. Ein konstant-systematischer Fehler wirkt sich auf die *WFR* additiv aus. Die Spezifität des Verfahrens ist dann mit geeigneten Methoden zu verbessern.

Ermittlung des Matrixeinflusses auf den Analyten
Zur Ermittlung des Matrixeinflusses werden eine Anzahl von synthetischen „Blindproben" hergestellt, bei denen die Matrix der später zu analysierenden, realen Proben nachgebildet wurde. Der Analyt ist in allen Blindlösungen *nicht* anwesend. Bei der Verwendung einer Ausgangslösung, bei denen der Analyt bereits enthalten ist (z. B. bei einer Aufstockung einer realen Probe), kann aus der Wiederfindungsfunktion *keine* Aussage auf das Vorhandensein einer konstant-systematischen Abweichung geschlossen werden.

Die synthetisch hergestellten Blindlösungen werden mit einer Stammlösung des Analyten so aufgestockt, daß in den aufgestockten Lösungen jeweils dieselbe Konzentration vorliegt, wie in den Kalibrierlösungen des Grundverfahrens. Die so hergestellten synthetischen Proben werden mit dem betreffenden Verfahren analysiert. Aus den Analysendaten wird wie beschrieben die Wiederfindungsfunktion berechnet und mit Hilfe der Vertrauensbereiche ($P=95\%$) bewertet. Wurde eine systematische Abweichung durch den Matrixeinfluß nachgewiesen, darf eine Analysenauswertung nicht mit den Daten der Grundkalibrierung (Standards des reinen Analyten) durchgeführt werden, sondern das Verfahren der Standardaddition im folgenden Abschnitt ist anzuwenden. Kann keine systematische Abweichung nachgewiesen werden, kann die Auswertung mit den Daten der Grundkalibrierung erfolgen.

9.3 Standard-Aufstockung

Die Standardaufstockung wird bei Analysenverfahren angewendet, bei denen z. B. eine systematische Abweichung durch einen Matrixeffekt nachgewiesen wurde. Es muß bereits eine Grundkalibrierfunktion vorliegen, die Varianzenhomogenität muß nachgewiesen sein und die Arbeitsgrenzen müssen als gültig akzeptiert werden. Die Durchführung der Standardaufstockung erfolgt nach folgendem Schema [3]:

1. Probenaufbereitung nach der Standardanalysenvorschrift
2. Messung der unveränderten Urprobe, Erhalt des Signales y_0
3. Auswertung von y_0 nach der bereits standardisierten Grundkalibrierfunktion, Erhalt der „abgeschätzten" Konzentration x_0
4. Aufstockung der Urprobe mit vier Konzentrationen des reinen Analyten (x_{a1} bis x_{a4})
5. Messung der vier aufgestockten Lösungen mit den Signalen y_{a1} bis y_{a4}
6. Lineare Regression der Aufstockmeßwerte, Berechnung der Reststandardabweichung s_y und des Prognoseintervalls
7. Varianzen-F-Test der Reststandardabweichungen und Mittelwert-t-Test der Steigungen zwischen Kalibrier- und Aufstockfunktion

9.3.1 Probenaufbereitung, Messung und Aufstockung

Die Probennahme, Probenaufbereitung und Messung erfolgt nach der bereits vorliegenden Standardarbeitsvorschrift. Die verwendete Kalibrierfunktion und die Varianzenhomogenität sollten gemäß einer Überprüfung nach Kapitel 7 akzeptiert sein.

Beispiel: Bei einer Kupferbestimmung im Wasser wurde dieses mit BCO und einem Citratpuffer versetzt und die entstehende Blaufärbung mit Hilfe der VIS-Spektroskopie bei 600 nm ausgewertet.

Tabelle 9-4. Kalibrierung der Kupferbestimmung

Kupfer-Konzentration (mg/L)	Extinktion
0,5	0,096
1,0	0,196
1,5	0,278
2,5	0,465
3,0	0,579
3,5	0,679
4,0	0,763

Bei der Kalibrierung mit sieben Kalibrierlösungen erhält man die Meßwerte, die in Tabelle 9-4 aufgeführt sind.

Die lineare Regression nach Kapitel 7 ergibt folgende Werte:

Steigung m_1	0,1922
Ordinatenabschnitt b_1	−0,00263
Reststandardabweichung s_{y1}	0,0088
Korrelationskoeffizient r	0,9995
Q_{xx}-Wert	10,42857

Mit einem *Mandel-Test* konnte die lineare Funktion gegenüber der quadratischen gerechtfertigt werden. Die Originalwasserprobe wurde der gleichen Arbeitsvorschrift unterworfen, die Extinktion dieser Wasserprobe war $\hat{y}_0 = 0{,}426$.

Mit Hilfe der Kalibrierfunktion Gl. (9-22) kann das Analysenergebnis abgeschätzt werden:

$$\hat{x}_0 = \frac{\hat{y}_0 - b}{m} = \frac{0{,}426 - (-0{,}00263)}{0{,}1922} = 2{,}23 \, \text{mg/L Cu} \tag{9-22}$$

Die Urprobe wird in vier äquidistanten Konzentrationsschritten aufgestockt. Die *maximale* Aufstockkonzentration sollte ungefähr der Konzentration an Kupfer in der Probe entsprechen. Die abgeschätzte Kupferkonzentration der Wasserprobe beträgt 2,23; daraus ergibt sich, daß die maximale Aufstockkonzentration $x_{a4} = 2{,}00$ mg/L (Abrundung von 2,23 mg/L) beträgt.

Die konzentrierteste, aufgestockte Lösung hat dann als Gesamtkonzentration an Kupfer 2,23 + 2,00 = 4,23 mg/L. Es muß geprüft werden, ob diese Konzentration noch innerhalb des Linearbereiches des Verfahrens liegt.

In unserem Beispiel würde diese Konzentration gemäß Gl. (9-23) einen Signalwert y von:

$$y = m_1 \cdot x + b_1 = 0{,}1922 \cdot 4{,}23 + (-0{,}00263) = \underline{0{,}810} \qquad (9\text{-}23)$$

ergeben. Es wurde bei einem Vortest zur Kalibrierung festgestellt, daß bis zu einem Signalwert von ca. 1,2 [Ext] eine Linearität akzeptiert werden kann. Damit liegt wahrscheinlich die höchste, aufgestockte Konzentration noch im Linearbereich.

Da die vier Aufstockungen equidistant erfolgen sollen, ergeben sich die vier folgenden Aufstockkonzentrationen (mit dem 1- ,2- ,3- und 4-fachen von 2/4 = 0,5 mg/L):

$$x_{a1} = 0{,}5 \text{ mg/L}$$
$$x_{a2} = 1{,}0 \text{ mg/L}$$
$$x_{a3} = 1{,}5 \text{ mg/L}$$
$$x_{a4} = 2{,}0 \text{ mg/L}$$

Die Aufstockung erfolgt, in dem eine möglichst konzentrierte *Stammlösung*, die den reinen Analyt (Kupferionen) enthält, zu der Orginalprobe zugegeben wird. Durch diese Standardaufstockung wird die Matrix „verfälscht", doch bei dem geringen Volumen an zugegebener Stammlösung (bei ausreichendem Probenvolumen) bleibt der Fehler jedoch gewöhnlich gering. Gibt man beispielsweise einem Liter Originalwasserprobe (1000 mL) mit 2,23 mg/L Cu noch 2 mL Stammlösung hinzu, die 2 mg Kupfer enthalten, wird der maximale, zusätzliche Volumenfehler

$$F = \frac{2 \text{ mL}}{1002 \text{ mL}} \cdot 100\% = \underline{0{,}1996\%} \qquad (9\text{-}24)$$

betragen.

Eine andere Möglichkeit ergibt sich nach dem Verfahren der Aufstockung mit konstantem Volumen. Mit diesem Verfahren wird der Volumenfehler verhindert. Dabei gibt es grundsätzlich zwei Arbeitsweisen:

Arbeitsweise 1: Aufstocken direkt in die Urprobe

Von einem Liter Originalwasserprobe wird etwas Wasser abgedampft, dann mit der Stammlösung versehen und anschließend mit kupferfreiem Wasser wieder aufgefüllt. Danach wird z.B. das aufgestockte Wasser filtriert (Probenvorbereitung).

Dieser Vorgang wird mit den anderen drei Lösungen wiederholt. Die aufgestockten Wasserproben werden anschließend ohne Veränderung nach der Standardarbeitsvorschrift weiterbehandelt.

Arbeitsweise 2: Aufstocken in die Meßlösung

Vom filtrierten Originalwasser könnte beispielsweise nur 100 mL in einem 250-mL-Meßkolben gegeben werden, dazu könnten die Reagenzien BCO, Puffer etc. zugefügt werden. Danach wird der Kolben mit kupferfreiem destilliertem Wasser aufgefüllt. Diese Lösung wird im Spektralfotometer vermessen.

Zur Herstellung der aufgestockten Lösungen werden ebenfalls 100 mL in 250-mL-Meßkolben pipettiert, zusätzlich mit der Stammlösung und dann mit den Reagenzien versetzt. Anschließend werden die Meßkolben ebenfalls mit kupferfreiem Wasser aufgefüllt.

Es ist zu empfehlen, daß die Aufstockung in die Urprobe vor den Kalibrierungsschritten vorgenommen wird (Arbeitsweise Nr. 1). Sollte es allerdings während der Messung durch physikalische Effekte zu Veränderungen kommen, kann u. U. die Aufstockung erst nach der Probenvorbereitung und direkt vor der Messung erfolgen (Arbeitsweise Nr. 2).

9.3.2 Auswertung der Aufstockung

Die in unserem Beispiel aufgestockten Lösungen mit $x_{a1}=0,5$ mg/L bis $x_{a4}=2,0$ mg/L und die Originalwasserprobe werden nach der gleichen Arbeitsvorschrift vermessen. Man erhält nun folgende Werte (Tabelle 9-5):

Die lineare Regression der Extinktionswerte y_0, y_{a1} bis y_{a4} (Spalte 3) und der Aufstockkonzentrationen x_0, x_{a1} bis x_{a4} (Spalte 2) ergibt folgende Werte:

Steigung m_2	0,1952
Ordinatenabschnitt b_2	0,4228
Reststandardabweichung s_{y2}	0,010139
Korrelationskoeffizient r	0,99838

Tabelle 9-5. Meßwerte der Aufstockungen

Wahrscheinliche Gesamtmenge an Kupfer (mg/L) (1)	Aufgestockte Konzentration an Kupfer (mg/L) (2)	Extinktion (3)
2,23 (Original)	0,0	0,426
2,73	0,5	0,508
3,23	1,0	0,629
3,73	1,5	0,718
4,23	2,0	0,809

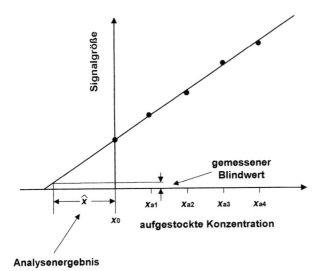

Abb. 9-4. Ermittlung der Analytkonzentration aus der Standardaufstockung

Die Aufstockfunktion (9-25) lautet demnach:

$$y = 0{,}1952 \cdot x + 0{,}4228 \tag{9-25}$$

Der Blindwert y_B wird der Originalkalibrierung entnommen; er entspricht dem Ordinatenabschnitt b_1 (–0,00263). Zur Erinnerung, der Ordinatenabschnitt b entspricht dem Wert bei der Konzentration „0", was definitionsgemäß der Blindwert ist.

Durch den Blindwert y_B wird eine Parallele zur x-Achse gezogen. Der Schnittpunkt dieser Parallelen mit der Aufstockfunktion ergibt die (negative) gesuchte Konzentration an Kupfer (siehe dazu Abb. 9-4).

Rechnerisch wird der Blindwert ($y_B = -0{,}00263$) in die Aufstockfunktion eingesetzt und der dazugehörige $\hat{x}$-Wert berechnet (Gl. 9-26):

$$\hat{x} = \frac{y_B - b_2}{m_2} \tag{9-26}$$

$$\hat{x} = \frac{-0{,}00263 - 0{,}4228}{0{,}1952} = \underline{-2{,}15\,\text{mg/L Cu}}$$

Der erhaltene Wert von –2,15 ist zu positivieren. Die Kupferkonzentration mit der Originalkalibrierung beträgt 2,23 mg/L, die mit der Aufstockkonzentration

2,15 mg/L. Es wird eine relative Abweichung Abw beider Analysendaten von 3,721% berechnet.

$$Abw = \frac{2{,}23 - 2{,}15}{2{,}15} \cdot 100\% = \underline{3{,}721\%} \tag{9-27}$$

Da das Analysenergebnis durch Koordinatenverschiebung gewonnen wurde, ist das Prognoseintervall an der Stelle x_0, d. h. bei der Konzentration der Originallösung (2,23 mg/L), zu ermitteln.

9.3.3 Prüfung auf proportional-systematische Abweichung

Die Prüfung auf proportional-systematische Abweichung erfolgt, indem die Steigungen der Originalkalibrierung m_1 und der Aufstockkalibrierung m_2 mit Hilfe eines „Mittelwert-t-Testes" auf Übereinstimmung (siehe dazu Kapitel 5) überprüft werden [1]. Ergeben sich nur Steigungsunterschiede zwischen m_1 und m_2, die zufällig sind, d. h., bei denen keine signifikanten Unterschiede nachzuweisen sind, können die beiden Steigungen als „gleich" angesehen werden. Damit liegt keine proportional-systematische Abweichung vor (siehe Abb. 9-5).

Zuvor müssen die Reststandardabweichungen s_{y1} und s_{y2} beider Funktionen auf Varianzenhomogenität überprüft werden. Die Reststandardabweichungen sind den Abschnitten 9.3.1 und 9.3.2 zu entnehmen.

- **Varianzen-F-Test**

Nullhypothese: Es besteht Varianzenhomogenität ($P=99\%$)

$$s_{y1}=0{,}0088 \qquad N_1=7 \qquad f_1=5$$
$$s_{y2}=0{,}010139 \qquad N_2=5 \qquad f_2=3$$

Berechnet wird die Prüfgröße gemäß Gl. (9-28):

$$PG = \frac{0{,}010139^2}{0{,}0088^2} = \underline{1{,}327} \tag{9-28}$$

Der F-Wert mit $f_1=5$, $f_2=3$ und $P=99\%$ beträgt: 12,06.

Diagnose: Da die Prüfgröße PG nach Gl. (9-9) kleiner ist als der Tabellen-F-Wert, ist die Nullhypothese akzeptiert, es kann keine Varianzeninhomogenität nachgewiesen werden.

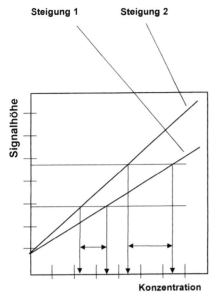

Abb. 9-5. Proportional-systematische Abweichung bei unterschiedlichen Steigungen

- **Mittelwert-*t*-Test der Steigungen m_1 und m_2**

Nullhypothese: Es können keine signifikanten Unterschiede in den Steigungen nachgewiesen werden ($P = 95\%$).

Es wird die Prüfgröße gemäß Gl. (9-29) berechnet:

$$PG = \frac{|m_1 - m_2|}{s_D} \cdot \sqrt{\frac{N_1 \cdot N_2}{N_1 + N_2}} \tag{9-29}$$

Die in Gl. (9-10) enthaltene mittlere, gewichtete Standardabweichung s_D der beiden Stichprobenreihen wird berechnet gemäß Gl. (9-30):

$$s_D = \sqrt{\frac{s_{y1}^2 \cdot (N_1 - 1) + s_{y2}^2 \cdot (N_2 - 1)}{N_1 + N_2 - 2}} \tag{9-30}$$

$$s_D = \sqrt{\frac{0{,}0088^2 \cdot 6 + 0{,}010139^2 \cdot 4}{7 + 5 - 2}} = \underline{0{,}09360} \tag{9-31}$$

$$PG = \frac{|0,1922 - 0,1952|}{0,09360} \cdot \sqrt{\frac{7 \cdot 5}{7 + 5}} = \underline{0,5474} \qquad (9\text{-}32)$$

Der Freiheitsgrad f wird berechnet gemäß Gl. (9-33):

$$f = N_1 + N_2 - 2 = 7 + 5 - 2 = 10 \qquad (9\text{-}33)$$

Der t-Wert nach der zweiseitigen t-Tabelle mit (P=95%, f=10) beträgt: 2,228.

Diagnose: Die Nullhypothese ist anzunehmen, da die Prüfgröße PG kleiner als der Tabellenwert ist. Die Unterschiede sind von zufälliger Art, eine Signifikanz kann nicht nachgewiesen werden.

Eine proportional-systematische Abweichung ist nicht nachzuweisen.

9.4 Übungsaufgabe

Die Abhängigkeit der Peakfläche von der Menge an injiziertem Glycol (GC und Autosampler) ergab folgende Werte (die Varianzenhomogenität wurde durch einen Vortest akzeptiert):

Glycolkonzentration (ppm)	GC-Peakfläche (Counts)
0,1	12 134
0,2	24 345
0,3	36 459
0,4	48 999
0,5	60 345
0,6	72 991
0,7	82 993
0,8	94 356
0,9	107 867
1,0	116 567

Es ist ein linearer Ansatz zu akzeptieren. Die genauen Regressionsdaten sind mit Hilfe eines Statistikpaketes (z. B. SQS oder MVA) zu berechnen:

Steigungen m
Ordinatenabschnitt b
Empfindlichkeit E
Reststandardabweichung s_y
statistische Sicherheit $P = 95\%$

Eine Probe, die in den Injektor des GCs injiziert wurde, hat eine Peakfläche von 70 341 Counts. Für die Berechnung der Aufstockkonzentrationen wird die aus der Kalibrierung entnommene Glycolkonzentration auf 1 ppm aufgerundet und darauf die maximale Aufstockkonzentrationen bezogen. Dadurch ergeben sich die Aufstockkonzentrationen 0,25; 0,50; 0,75 und 1 ppm. Durch eine Voruntersuchung kann bestätigt werden, daß im gesamten Aufstockbereich noch von einer Linearität und von Varianzenhomogenität ausgegangen werden kann. Die einzelnen Aufstockkonzentrationen und ihre Peakflächen sind:

Aufstockkonzentration	Peakfläche
Originalprobe	70 231
0,25 ppm	99 832
0,50 ppm	128 743
0,75 ppm	158 354
1,00 ppm	187 269

Berechnen Sie die Aufstockfunktion und die Reststandardabweichung. Vergleichen Sie die statistischen Daten mit denen der Originalkalibrierung.

Stellen sie fest, ob eine proportional-systematische Abweichung vorliegt, indem Sie die Differenzen der Reststandardabweichungen und die der Steigungen mit dem F- bzw. Mittelwert-t-Test auf signifikante Abweichungen überprüfen.

Die Ergebnisse der Aufgabe finden Sie im Anhang, Kapitel 13.

10 Auswertung von Ringversuchen

Unter einem Ringversuch versteht man ein Validierungselement, bei dem mehrere Laboratorien identische Proben mit dem gleichen Analyten quantitativ untersuchen und sodann die Ergebnisse von einem „Ringversuchsleiter" vergleichend und neutral beurteilt werden [19]. Ringversuche dienen zur

- Beurteilung von Analysenmethoden
- Beurteilung von Laboratorien
- Beurteilung von Materialien

Ringversuche sind sehr effektiv zur Beurteilung der Laboratoriums- oder Methodenqualität, allerdings auch sehr teuer und zeitintensiv. Daher muß ein Ringversuch effizient vorgeplant und durchgeführt werden. Besonders die Zielsetzung des Ringversuches sollte immer im Vordergrund stehen. Erfahrene Organisationen, wie z.B. die AOAC (Association of Official Analytical Chemists) oder die CIPAC (Collaborative International Pesticides Analyses Council) können bei Organisation, Durchführung und Auswertung von Ringversuchen dem Analytiker helfend zur Seite stehen.

Ein Ringversuch wird in mehreren Schritten geplant und durchgeführt. Nachfolgend sollen die Grundzüge eines einfachen Ringversuches und dessen Auswertung beschrieben werden.

10.1 Durchführung des Ringversuches

Zunächst steht die Auswahl der Methode zur Quantifizierung eines Analyten im Vordergrund. Nach der Definition des angestrebten Anwendungsbereiches ist zu überprüfen, welche Richtigkeit und Präzision die Methode aufweist, welche Materialien und Geräte man benötigt und welche Laboratorien die ausgewählte Methode anwenden sollen. Ist eine passende Methode gefunden, die die Kriterien erfüllt, sollte ein neutrales Labor die Methodenbeschreibung übernehmen und die Methode auf ihre Praktikabilität überprüfen. Es sollte genau definiert werden, wozu der Ringversuch dient.

Das nun herzustellende Prüfmaterial, welches den Analyten enthält, sollte den späteren Anwendungsbereich möglichst vollständig abdecken. Alle möglichen Begleitstoffe sollte das Prüfmaterial enthalten und die Konzentration des Analyten sollte so gewählt werden, daß der spätere Konzentrationsbereich abgedeckt wird. Es muß geprüft werden, wie sich das Prüfmaterial hinsichtlich Homogenität, Handhabbarkeit und Stabilität verhält. Die Variabilität der Probe bei der Herstellung, Handhabung und Lagerung muß wesentlich kleiner sein als die zu erwartende Streuung der Analysenergebnisse, die die verschiedenen Laboratorien erzielen. Am besten sind diese Forderungen dadurch zu erfüllen, daß an die im Ringversuch stehenden Laboratorien einheitliche, stabile Standardproben ausgegeben werden.

Danach werden die Ringversuchsunterlagen den beteiligten Laboratorien ausgehändigt. Sie umfassen z. B. die

- Beschreibung der Vorgehensweise (z. B. Geräte, SOP, Rücklaufdatum usw.)
- Beschreibung der rechnerischen Auswertung
- Vorgehensweise beim Auftreten von Fehlern [19]

Nach dem Rücklauf der Einzelergebnisse werden die Bewertungsparameter vom Organisator berechnet und zusammengefaßt. Die dazu benötigten statistischen Bewertungsgrößen sind in Richtlinien (z. B. CIPAC 3426 oder DIN ISO 5725) enthalten. Umstritten ist die Frage, ob nach Prüfung der Daten mit Ausreißertests erkannte Ausreißer eliminiert werden oder sie in der Datenreihe verbleiben sollen. Manche Organisatoren (darunter die CIPAC) verbieten ausdrücklich die Eliminierung von Ausreißern und empfehlen eine gründliche Ursachenforschung. Die Vorgehensweise ist immer mit dem betreffenden Organisationsleiter abzustimmen.

10.2 Statistische Auswertung des Ringversuches

Die weitere Vorgehensweise ist den entsprechenden Normen und Richtlinien zu entnehmen. In diesem Abschnitt sollen einige wichtige und grundlegende Kenngrößen zur Bewertung von Ringversuchen aufgezeigt werden.

Zur Bewertung eines einfachen Ringversuches gehen wir davon aus, daß *in jedem Laboratorium* ein identisches Probenmaterial unter identischen Wiederholbedingungen untersucht wird.

Wiederholbedingungen:
- gleicher Ort
- gleicher Gerätepark
- gleicher Mitarbeiter
- gleiche Analysenmethode
- anderer Zeitpunkt

Da die Untersuchung im Rahmen des Ringversuches in verschiedenen Laboratorien vorgenommen wird, können nach der Zusammenführung aller Analysendaten aller beteiligten Laboratorien die Kenngrößen unter Vergleichsbedingungen ausgewertet werden:

Vergleichsbedingungen:
- gleiche Analysenmethode
- gleiches Probenmaterial
- unterschiedlicher Gerätepark
- andere Mitarbeiter
- anderer Zeitpunkt

Das laborspezifische Streuungsmaß, die interne Standardabweichung s_j, wird mit Gl. (10-1) berechnet:

$$s_j = \sqrt{\frac{\sum(x_{i,j} - \bar{x}_j)^2}{N - 1}} \qquad (10\text{-}1)$$

In Gl. (10-1) bedeutet:

s_j Laborspezifische interne Standardabweichung
$x_{i,j}$ Einzelwert des Laboratoriums j
$\bar{x}_j$ Mittelwert des Laboratoriums j
N Anzahl der Proben im Laboratorium j

Gleichzeitig kann neben der Standardabweichung s_j eines Laboratoriums die Wiederholstandardabweichung s_r für die *Gesamtheit aller Laboratorien* durch Zusammenführen aller Standardabweichungen nach Gl. (10-2) ermittelt werden:

$$s_r = \sqrt{\frac{\sum[(N_j - 1) \cdot s_j^2]}{N - k}} \qquad (10\text{-}2)$$

In Gl. (10-2) bedeutet:

s_r Standardabweichung unter Wiederholbedingungen für die Gesamtheit aller Laboratorien

N_j Probenanzahl im Laboratorium j
s_j Laborinterne Standardabweichung
N Gesamtzahl *aller* Meßwerte
k Zahl der beteiligten Laboratorien

Die Wiederholstandardabweichung s_r repräsentiert die Streuung, die ein an dem Ringversuch beteiligtes (aber fiktives!) „durchschnittliches" Laboratorium bei Mehrfachuntersuchungen erwarten muß.

Die gegenüber der Wiederholstandardabweichung s_r erhöhte Vergleichsstandardabweichung s_R unter *Vergleichsbedingung* wird berechnet nach Gl. (10-3):

$$s_R = \sqrt{\frac{1}{w} \cdot \left(\frac{\sum [N_j \cdot (\bar{x}_j - \bar{x}_G)^2]}{k - 1} \right) + \frac{w - 1}{w} \cdot \left(\frac{\sum [(N_j - 1)^2 \cdot s_j]}{N - k} \right)}$$

$$(10\text{-}3)$$

Die in Gl. (10-3) enthaltene Variable w wird mit Gl. (10-4) berechnet:

$$w = \frac{1}{k - 1} \cdot \left[N - \sum \left(\frac{N_j^2}{N} \right) \right]$$

$$(10\text{-}4)$$

In Gl. (10-3) und (10-4) bedeutet:

s_R Standardabweichung unter Vergleichsbedingungen
N_j Probenanzahl im Laboratorium j
s_j Standardabweichung im Laboratorium j
N Gesamtzahl *aller* Meßwerte
k Zahl der beteiligten Laboratorien
$\bar{x}_j$ Mittelwert des Laboratoriums j
$\bar{x}_G$ Mittelwert *aller* Meßwerte

Die Vergleichsstandardabweichung charakterisiert anschaulich die Streuung, die *verschiedene* Laboratorien durchschnittlich erwarten können, wenn sie Messungen an der gleichen Probe vornehmen. Mit Hilfe der beiden Standardabweichungen wird der betreffende *Vertrauensbereich* der Kenngrößen berechnet. Dazu wird ein Erweiterungsfaktor benötigt, der durch folgende Überlegungen abgeleitet werden kann. Aus der Fehlerfortpflanzung ergibt sich, daß die Standardabweichung der Differenz zweier einzelner Ermittlungsergebnisse das $\sqrt{2}$-fache der Wiederhol- bzw. Vergleichsstandardabweichung ist. Sind die Ermittlungsergebnisse normalverteilt, dann ergibt sich der kritische Wiederhol- bzw. Vergleichsdifferenzbetrag für eine vorgegebene statistische Sicherheit P mit $u/2 \cdot \sqrt{2} \cdot s$. Der Faktor $u/2$ ist der Wert aus einer standardisierten Normalverteilungstabelle. Für eine statistische Sicherheit von $P=95\%$ beträgt dieser Faktor 1,96. Man kann die beiden festen Größen zusammenfassen, die dann den Faktor 2,77 ergeben: $1{,}96 \cdot \sqrt{2} = 2{,}77$. Häufig wird für die Berechnung der Vertrauensbereiche der vereinfachte Faktor 2,8 benutzt. Die DIN ISO 5725 läßt diese Vereinfachung ausdrücklich zu.

Die Vertrauensbereiche sind mit den Gl. (10-5) und (10-6) zu berechnen. Im Ringversuch werden sie als „Wiederholbarkeit" und „Vergleichbarkeit" bezeichnet. Es sind die Vertrauensbereiche der Wiederhol- bzw. Vergleichsstandardabweichung.

$$r_{95\%} = 2{,}8 \cdot s_\mathrm{r} \qquad\qquad (10\text{-}5)$$

$$R_{95\%} = 2{,}8 \cdot s_\mathrm{R} \qquad\qquad (10\text{-}6)$$

In Gl. (10-5) und (10-6) bedeutet:

$r_{95\%}$ Wiederholbarkeit bei $P=95\%$
$R_{95\%}$ Vergleichbarkeit bei $P=95\%$

Die beiden Größen können wie folgt im Laboratoriumsalltag verwendet werden:

- Wiederholt ein Labor mit den gleichen Probenmaterialien an verschiedenen Tagen die Messung, so sind die Ergebnisse als „gleich" zu betrachten, wenn die Differenz beider Messungen kleiner als die Wiederholbarkeit $r_{95\%}$ ist.
- Vergleichen zwei Laboratorien ihre Messungen, die sie am gleichen Probenmaterial erhalten haben, ist eine Differenz erst dann „signifikant", wenn sie größer ist als die Vergleichbarkeit $R_{95\%}$.

Eine allgemeingültige Bewertung einer Analysenmethode mit Hilfe der Ringversuchsdaten ist nicht möglich. Eine Analyse im Spurenbereich verlangt andere Grenzwerte als eine Analysenmethode, die im Makrobereich eingesetzt wird. Daher müssen die Qualitätsparameter für jeden Einsatzzweck und für jeden Konzentrationsbereich individuell festgelegt werden.

10.3 Anwendung von Ringversuchsdaten

Die Anwendung der Wiederholbarkeit und Vergleichbarkeit ist auf die Bewertung von Einzelmessungen begrenzt. Im Laboralltag werden jedoch im Regelfall Mehrfachmessungen durchgeführt, um das Ergebnis abzusichern. Die Anwendung der erhaltenen Ringversuchsdaten auf laborinterne und laborexterne Mehrfachbestimmungen sollen in diesem Abschnitt näher beschrieben werden.

Als Kenngröße bei Mehrfachuntersuchungen wird die „kritische Differenz", CrD, verwendet. Man unterscheidet bei der Berechnung der Kenngröße zwischen Wiederhol- und Vergleichsbedingungen (Gl. 10-7 bis 10-8).

$$CrD_{95\%,r} = r_{95\%} \cdot \sqrt{\frac{1}{2N_1} + \frac{1}{2N_2}} \tag{10-7}$$

$$CrD_{95\%,R} = \sqrt{R_{95\%}^2 - r_{95\%}^2 \left(1 - \frac{1}{2N_1} + \frac{1}{2N_2}\right)} \tag{10-8}$$

In Gl. (10-7) und (10-8) bedeutet:

$CrD_{95\%,r}$	kritische Differenz unter Wiederholbedingungen
$CrD_{95\%,R}$	kritische Differenz unter Vergleichsbedingungen
$R_{95\%}$	Vergleichbarkeit, Ergebnis eines Ringversuches
$r_{95\%}$	Wiederholbarkeit, Ergebnis eines Ringversuches
N_1	Anzahl der Proben in Meßreihe 1
N_2	Anzahl der Proben in Meßreihe 2

10.4 Beispiel

Um die in den vorigen Abschnitten aufgezeigte Vorgehensweise bei einem Ringversuch transparent zu machen, soll ein (vereinfachtes) Versuchsbeispiel ausgewertet werden. Die Standardprobe enthielt 520 µg/L Kupfer. Die folgenden Ergebnisse wurden von 10 Laboratorien mit je 6 Einzelbestimmungen erzielt (µg Cu/L) (Tabelle 10-1).

Die Wiederholstandardabweichung s_r berechnet sich mit $N=60$ und $k=10$ durch Anwendung von Gl. (10-2)

$$s_r = \sqrt{\frac{7115,5}{60 - 10}} = \underline{11,929} \tag{10-10}$$

Die Wiederholbarkeit $r_{95\%}$ beträgt nach DIN ISO 5725:

$$r_{95\%} = 2,8 \cdot 11,929 = \underline{33,4} \, \mu g \, Cu/L \tag{10-11}$$

Tabelle 10-1. Ergebnisse des Ringversuchs

Labor Nr.	Probe 1	Probe 2	Probe 3	Probe 4	Probe 5	Probe 6
1	512	519	522	523	518	522
2	526	544	512	533	523	512
3	522	545	528	512	522	528
4	528	529	510	500	511	523
5	522	518	519	534	521	533
6	534	533	561	532	533	512
7	511	537	514	533	549	517
8	529	533	528	519	549	534
9	563	545	534	533	561	534
10	533	512	533	534	546	512

Labor Nr.	Mittelwert	Standard-abweichung	$(N_j-1) \cdot s_j^2$
1	519,3	4,08	83,3
2	525,0	12,39	768,0
3	526,2	10,92	596,8
4	516,8	11,61	674,8
5	524,5	7,12	253,5
6	534,2	15,61	1218,8
7	526,8	15,13	1144,8
8	532,0	9,88	488,0
9	545,0	13,90	966,0
10	528,3	13,57	921,3
		Summe	7115,5

Zur Berechnung der Vergleichbarkeit wird zunächst der Faktor w berechnet (Gl. 10-12):

$$w = \frac{1}{10-1} \cdot \left[60 - 10 \cdot \left(\frac{6^2}{60} \right) \right] = 6 \qquad (10\text{-}12)$$

Für die Berechnung des Wertes der ersten eckigen Klammer in Gl. (10-3) wird die Differenz aus Gesamtmittelwert $\bar{x}_G = 527,82$ und Einzelmittelwert jedes Laboratoriums gebildet und quadriert. Die Quadrate werden mit der Probenanzahl in jedem Laboratorium ($N_j = 6$) multipliziert und die Produkte addiert (s. Tabelle 10-2).

Tabelle 10-2. Berechnung der Vergleichbarkeit

Labor Nr.	Einzelmittelwert $\bar{x}_j$	Gesamtmittelwert $\bar{x}_G$	$N_j \cdot (\bar{x}_j - \bar{x}_G)^2$
1	519,3	527,82	432,14
2	525,0	527,82	47,71
3	526,2	527,82	16,40
4	516,8	527,82	724,24
5	524,5	527,82	66,13
6	534,2	527,82	241,68
7	526,8	527,82	5,84
8	532,0	527,82	104,83
9	545,0	527,82	1770,91
10	528,3	527,82	1,58
		Summe	3411,48

Der Wert in der zweiten eckigen Klammer der Gl. (10-3) entspricht der Wiederholstandardabweichung $s_r^2 = 11,929^2$.

Die Vergleichsstandardabweichung s_R wird mit Gl. (10-13) berechnet:

$$s_R = \sqrt{\frac{1}{6} \cdot \left(\frac{3411,48}{10-1}\right) + \frac{6-1}{6} \cdot 11,929^2} = \underline{13,482} \tag{10-13}$$

Die Vergleichbarkeit $R_{95\%}$ wird nach DIN ISO 5725 mit Gl. (10-14) berechnet:

$$R_{95\%} = 2,8 \cdot 13,482 = \underline{37,75}\,\mu g\,Cu/L \tag{10-14}$$

Damit sind die beiden wichtigsten Ringversuchsparameter, die Wiederholbarkeit und die Vergleichbarkeit, berechnet.

In einem Laboratorium wurde nach der gleichen SOP, mit der der Ringversuch durchgeführt wurde, das gleiche Probenmaterial an zwei verschiedenen Tagen das eine Mal doppelt, das zweite Mal dreifach bestimmt. Die Ergebnisse sind in Tabelle 10-3 zusammengefaßt.

Die Differenz beider Mittelwerte beträgt $535,66 - 521,5 = \underline{14,16}\,\mu g/L\,Cu$.

Die kritische Differenz für die Wiederholmessung in einem Laboratorium wird berechnet mit Gl. (10-7). Fügt man die Wiederholbarkeit $r_{95\%}$ des Ringver-

Tabelle 10-3. Ergebnisse der Mehrfachbestimmung

Probe Nr.	Tag 1	Tag 2
1	524 µg/L	545 µg/L
2	519 µg/L	533 µg/L
3	–	529 µg/L
Mittelwert	521,5 µg/L	535,66 µg/L

suches in die Gleichung ein, kann die kritische Differenz $CrD_{95\%,r}$ berechnet werden:

$$CrD_{95\%,r} = 11{,}9292 \cdot \sqrt{\frac{1}{2 \cdot 2} + \frac{1}{2 \cdot 3}} = \underline{7{,}73}\,\mu g/L\ Cu \qquad (10\text{-}15)$$

Da die Differenz der beiden ermittelten Labormittelwerte 14,16 µg/L beträgt, also größer ist als die kritische Differenz $CrD_{95\%,r}$, hat das betreffende Laboratorium deutliche Qualitätsprobleme.

10.5 Übungsaufgabe

Bei einem Ringversuch sind je 10 Laboratorien mit je sechs identischen Proben beteiligt. Die Probe soll 1000 mg/L eines Analyten enthalten. Die Arbeitsvorschrift ist in allen Laboratorien gleich. Die Ergebnisse der einzelnen Laboratorien sind in der folgenden Tabelle aufgeführt (mg/L):

- Berechnen Sie die Wiederhol- und Vergleichsstandardabweichung, die Wiederholbarkeit und Vergleichbarkeit mit $P=95\%$.
- Berechnen Sie die kritische Differenz $CrD_{95\%}$ unter Wiederhol- und Vergleichsbedingungen.

Labor Nr.	Probe 1	Probe 2	Probe 3	Probe 4	Probe 5	Probe 6
1	987,8	1001,3	1007,1	1009,0	999,4	1007,1
2	1014,8	1049,5	987,8	1028,3	1009,0	987,8
3	1007,1	1051,4	1018,6	987,8	1007,1	1018,6
4	1018,6	1020,6	983,9	964,6	985,9	1009,0
5	1007,1	999,4	1001,3	1030,2	1005,1	1028,3
6	1030,2	1028,3	1082,3	1026,4	1028,3	987,8
7	985,9	1036,0	991,6	1028,3	1059,2	997,4
8	1020,6	1028,3	1018,6	1001,3	1059,2	1030,2
9	1086,2	1051,4	1030,2	1028,3	1082,3	1030,2
10	1028,3	987,8	1028,3	1030,2	1053,4	987,8

Zwei verschiedene Laboratorien (Lieferanten- und Kundenlaboratorium) haben für eine identische Probe nach der Arbeitsvorschrift des Ringversuchs folgende Ergebnisse erzielt:

Sollwert: 1200 mg/L, Mindestgehalt
Lieferant: 1245,6 mg/L
Kunde: 1184,4 mg/L

Kann der Kunde aufgrund des Analysenergebnisses reklamieren?

11 Schätzung von Meßunsicherheiten*

Oft ist es nicht möglich oder auch nicht sinnvoll, für eine Größe eine Mehrfachmessung durchzuführen. Um trotzdem eine Aussage über die Meßunsicherheit machen zu können, wird diese bei Einfachmessungen abgeschätzt. Als Grundlage zur Schätzung der Meßunsicherheit dienen die Anzeige- und Ablesegenauigkeiten der Meßgeräte. Liegen genauere Angaben des Meßgeräteherstellers nicht vor, gilt als grobe Richtlinie, daß die Meßunsicherheit etwa die Hälfte des Wertes vom Abstand zweier Skalenteile beträgt. Ist der Abstand sehr groß, kann auch ein Viertel, ist der Abstand eher gering, muß der ganze Wert genommen werden.

Wird der Meßwert über eine digitale Anzeige aufgenommen, so gilt hier als grobe Richtlinie, daß die letzte angezeigte Stelle der Meßunsicherheit entspricht.

Beispiele:

Thermometer mit normaler 1/1-Grad-Teilung	$\Delta\vartheta = 0,5$ K
Präzisionswaage mit digitaler Anzeige bis zu 0,01 g	$\Delta m = 10$ mg
Analoge Stoppuhr mit enger Teilung für 1/10-Sekunden	$\Delta t = 0,1$ s

11.1 Fortpflanzung von Meßunsicherheiten

Bei den meisten Versuchen und Experimenten wird die gesuchte Größe nicht direkt gemessen, sondern aus gemessenen Größen nach einer Funktionsgleichung berechnet. Die gemessenen Größen sind mit Meßunsicherheiten behaftet. Von diesen Meßunsicherheiten bleibt das berechnete Meßergebnis nicht verschont, sondern sie pflanzen sich im Meßergebnis fort.

---

* Ich danke Andreas Stieglitz herzlich für die Überlassung seines Manuskriptes „Schätzungen von Meßwertunsicherheiten" aus unserem gemeinsamen Buch „Physikalische Chemie" [20].

11.1.1 Mittlere Meßunsicherheit eines berechneten Meßergebnisses

Die *mittlere* Meßunsicherheit eines berechneten Meßergebnisses berücksichtigt, daß die Meßunsicherheiten der einzelnen Meßwerte sich teilweise gegeneinander aufheben. Sie wird immer dann verwendet, wenn die einzelnen Größen, aus denen das Meßergebnis berechnet wird, mehrfach gemessen wurden. Mathematisch ergibt sich die mittlere Meßunsicherheit aus partiellen Differentialquotienten. Für einfache Berechnungen, wie Addition, Subtraktion, Multiplikation und Division, läßt sich die mittlere Meßunsicherheit auch mit einfachen mathematischen Methoden berechnen.

Für Summen und Differenzen von Größen ist die mittlere absolute Meßunsicherheit $\Delta \bar{F}$ gleich der geometrischen Summe aus den mit ihren Faktoren multiplizierten Meßunsicherheiten der einzelnen Meßgrößen.

$$F = a \cdot x + b \cdot y + c \cdot z + \ldots \text{ oder } F = a \cdot x - b \cdot y - c \cdot z - \ldots$$
(11-1)

$$\Delta \bar{F} = \sqrt{(a \cdot \Delta \bar{x})^2 + (b \cdot \Delta \bar{y})^2 + (c \cdot \Delta \bar{z})^2 + \ldots}$$
(11-2)

In Gl. (11-1) und (11-2) bedeutet:

F	aus mehreren Meßgrößen berechnetes Meßergebnis
x, y, z	Meßgrößen
a, b, c	Faktoren
$\Delta \bar{F}$	mittlere absolute Meßunsicherheit des Meßergebnisses
$\Delta \bar{x}, \Delta \bar{y}, \Delta \bar{z}$	absolute Meßunsicherheiten der Meßgrößen

Für die Berechnung von Potenzprodukten aus Größen ist die mittlere relative Meßunsicherheit gleich der geometrischen Summe aus den mit ihren Exponenten multiplizierten relativen Meßunsicherheiten der einzelnen Meßgrößen.

$$F = x^{\pm a} \cdot y^{\pm b} \cdot z^{\pm c} \ldots$$
(11-3)

$$\frac{\Delta \bar{F}}{F} = \sqrt{\left(a \cdot \frac{\Delta \bar{x}}{\bar{x}} \right)^2 + \left(b \cdot \frac{\Delta \bar{y}}{\bar{y}} \right)^2 + \left(c \cdot \frac{\Delta \bar{z}}{\bar{z}} \right)^2 + \ldots}$$
(11-4)

In Gl. (11-3) und (11-4) bedeutet:

F	aus mehreren Meßgrößen berechnetes Meßergebnis
x, y, z	Meßgrößen
a, b, c	Exponenten

$\frac{\Delta \bar{F}}{F}$ mittlere relative Meßunsicherheit des Meßergebnisses

$\frac{\Delta \bar{x}}{x}$, $\frac{\Delta \bar{y}}{y}$, $\frac{\Delta \bar{z}}{z}$ relative Meßunsicherheiten der einzelnen Meßgrößen

Beispiel für eine Aufsummierung von Meßgrößen

Zur Bestimmung des Umfanges eines rechteckigen Metallteiles wurden die Länge und die Breite des Teiles je zehnmal bestimmt. Es ergaben sich folgende Meßwerte:

Tabelle 11.1. Meßwerte (Länge und Breite)

n	l in mm	b in mm
1	78,45	21,29
2	78,48	21,28
3	78,48	21,30
4	78,47	21,32
5	78,44	21,29
6	78,50	21,29
7	78,46	21,31
8	78,48	21,27
9	78,45	21,30
10	78,47	21,28

- Die Berechnung der Mittelwerte für die Länge l und die Breite b des Metallteiles ergab:

$$\bar{l} = 78{,}468 \text{ mm}$$

$$\bar{b} = 21{,}293 \text{ mm}$$

- Berechnung des Umfanges U des Metallteiles:

$$U = 2 \cdot l + 2 \cdot b \tag{11-5}$$

$$U = 2 \cdot 78{,}468 \text{ mm} + 2 \cdot 21{,}293 \text{ mm} \tag{11-6}$$

$$\underline{\underline{U = 199{,}522 \text{ mm}}}$$

- Die Berechnung der Meßunsicherheit nach Gl. (11-4) der beiden Meßgrößen Länge und Breite ergab:

$$\Delta \bar{l} = 0{,}013 \text{ mm}$$

$$\Delta \bar{b} = 0{,}011 \text{ mm}$$

- Nach Gl. (11-2) kann nun die mittlere absolute Meßunsicherheit für den Umfang berechnet werden:

$$\Delta \bar{U} = \sqrt{(2 \cdot 0{,}013 \text{ mm})^2 + (2 \cdot 0{,}011 \text{ mm})^2} \qquad (11\text{-}7)$$

$$\underline{\underline{\Delta \bar{U} = 0{,}034 \text{ mm}}}$$

- Meßergebnis:

$$\underline{\underline{U = 199{,}522 \text{ mm} \pm 0{,}034 \text{ mm}}}$$

Der „wahre" Wert für den Umfang des rechteckigen Metallteiles liegt in dem Bereich $U = 199{,}488$ mm bis $U = 199{,}556$ mm.

Beispiel für ein Potenzprodukt von Meßgrößen

Für die Bestimmung des Volumens eines Quaders mit quadratischer Grundfläche wurde die Höhe h und die Breite b zehnmal gemessen.

Tabelle 11-2. Meßwerte (Höhe und Breite)

n	h in mm	b in mm
1	67,64	23,34
2	67,62	23,36
3	67,65	23,32
4	67,63	23,32
5	67,64	23,35
6	67,64	23,33
7	67,61	23,35
8	67,63	23,31
9	67,66	23,34
10	67,62	23,30

- Die Berechnung der Mittelwerte für die Höhe h und für die Breite b des Quaders ergab:

$$\bar{h} = 67,634 \, \text{mm}$$

$$\bar{b} = 23,332 \, \text{mm}$$

- Berechnung des Volumens V des Quaders ergab:

$$V = b^2 \cdot h \tag{11-8}$$

$$V = (23,332 \, \text{mm})^2 \cdot 67,634 \, \text{mm} \tag{11-9}$$

$$\underline{V = 36819 \, \text{mm}^3}$$

- Die Berechnung der Meßunsicherheit der beiden Meßgrößen Höhe und Breite ergab:

$$\Delta\bar{h} = 0,011 \, \text{mm}$$

$$\Delta\bar{b} = 0,014 \, \text{mm}$$

- Nach Gl. (11-4) kann nun die mittlere relative Meßunsicherheit für das Volumen des Quaders berechnet werden:

$$\frac{\Delta\bar{V}}{V} = \sqrt{\left(\frac{0,011 \, \text{mm}}{67,634 \, \text{mm}}\right)^2 + \left(2 \cdot \frac{0,014 \, \text{mm}}{23,332 \, \text{mm}}\right)^2} \tag{11-10}$$

$$\frac{\Delta\bar{V}}{V} = 0,0012$$

$$\underline{\frac{\Delta\bar{V}}{V} = 0,12\%}$$

- Multipliziert man die mittlere relative Meßunsicherheit mit dem berechneten Volumen des Quaders, so erhält man die mittlere absolute Meßunsicherheit:

$$\Delta\bar{V} = V \cdot 0,0012 \tag{11-11}$$

$$\Delta\bar{V} = 36\,819 \, \text{mm}^3 \cdot 0,0012 \tag{11-12}$$

$$\underline{\Delta\bar{V} = 44 \, \text{mm}^3}$$

- Meßergebnis:

$$V = 36\,819\,\text{mm}^3 \pm 44\,\text{mm}^3$$

Der Wert für das Volumen des Quaders liegt in dem Bereich $V = 36\,775$ mm^3 bis $V = 36\,863$ mm^3.

Für die Berechnung der mittleren Meßunsicherheit ist es sehr wichtig, die Begriffe „absolute" und „relative Meßunsicherheit" ganz genau auseinanderzuhalten. Für Summen und Differenzen von Meßgrößen benötigt man die absoluten Meßunsicherheiten der Meßgrößen, wobei für Potenzprodukte die relativen Meßunsicherheiten der Meßgrößen wichtig sind.

11.1.2 Maximale Meßunsicherheit eines berechneten Meßergebnisses

Bei vielen Meßmethoden ist es nicht möglich, alle Größen, aus denen ein Meßergebnis berechnet wird, mehrfach zu messen. Oft werden einzelne Größen nur einmal gemessen oder sogar Tabellenwerken entnommen und damit gar nicht gemessen. In diesen Fällen berechnet man *nicht* die „*mittlere Meßunsicherheit*" für das Meßergebnis, sondern die „*maximale Meßunsicherheit*".

Für mehrfach gemessene Größen wird die maximale Meßunsicherheit nach Gl. (11-2) berechnet.

Für einfach gemessene Größen wird die maximale Meßunsicherheit geschätzt.

Bei Größen, die Tabellenwerken entnommen wurden, ist auf entsprechende Angaben zur Meßunsicherheit zu achten. Sind keine Angaben zu finden, wird die letzte angegebene Stelle der Größe als Meßunsicherheit angenommen. Entnimmt man z. B. einem Tabellenbuch den Wert für die Erdbeschleunigung mit $g = 9{,}81$ m/s^2, so beträgt z. B. die absolute Meßunsicherheit $\Delta g = 0{,}01$ m/s^2.

Wie für die Berechnung der „*mittleren* Meßunsicherheit" gibt es auch für die Berechnung der „*maximalen* Meßunsicherheit" zwei verschiedene Regeln.

Bei einer Summe oder bei einer Differenz von Meßgrößen ist die *maximale* absolute Meßunsicherheit gleich der Summe der Beträge ihrer mit den Faktoren multiplizierten Meßunsicherheiten der einzelnen Meßgrößen (Gl. 11-13).

$$\Delta F = |a \cdot \Delta x| + |b \cdot \Delta y| + |c \cdot \Delta z| + \ldots \qquad (11\text{-}13)$$

In Gl. (11-13) bedeutet:

ΔF maximale absolute Meßunsicherheit des Meßergebnisses

$\Delta x, \Delta y, \Delta z$ absolute Meßunsicherheiten der Meßgrößen

a, b, c Faktoren der Meßgrößen

Bei einem Produkt oder Quotienten von Meßgrößen ist die *maximale* relative Meßunsicherheit gleich der Summe der Beträge ihrer mit den Exponenten multiplizierten relativen Meßunsicherheiten der einzelnen Meßgrößen (Gl. 11-14).

$$\frac{\Delta F}{F} = \left| a \cdot \frac{\Delta x}{x} \right| + \left| b \cdot \frac{\Delta y}{y} \right| + \left| c \cdot \frac{\Delta z}{z} \right| + \dots \qquad (11\text{-}14)$$

In Gl. (11-14) bedeutet:

$\dfrac{\Delta \bar{F}}{F}$ maximale relative Meßunsicherheit des Meßergebnisses

$\dfrac{\Delta \bar{x}}{x}, \dfrac{\Delta \bar{y}}{y}, \dfrac{\Delta \bar{z}}{z}$ relative Meßunsicherheiten der einzelnen Meßgrößen

a, b, c Exponenten

Beispiel für eine Differenz von Meßgrößen

Zur Bestimmung der Temperaturdifferenz zwischen Raum- und Außentemperatur wurden beide Temperaturen je einmal gemessen.

$$\vartheta_{\text{Raum}} = 21{,}4$$

$$\vartheta_{\text{Außen}} = -3{,}6\,°C$$

Die Temperaturen wurden mit einem 1/10-Grad-Thermometer bestimmt. Die Skalierung des 1/10-Grad-Thermometers ist sehr eng. Die absolute Meßunsicherheit der einzelnen Temperaturmeßwerte wird auf $\Delta \vartheta = 0{,}1$ K geschätzt.

- Berechnung der Temperaturdifferenz:

$$\vartheta_{\text{Differenz}} = \vartheta_{\text{Raum}} - \vartheta_{\text{Außen}} \qquad (11\text{-}15)$$

$$\vartheta_{\text{Differenz}} = 21{,}4\,°C - (-3{,}6\,°C) \qquad (11\text{-}16)$$

$$\underline{\underline{\vartheta_{\text{Differenz}} = 25{,}0\,K}}$$

- Berechnung der *maximalen* absoluten Meßunsicherheit:

$$\Delta\vartheta_{\text{Differenz}} = |\Delta\vartheta_{\text{Raum}}| + |\Delta\vartheta_{\text{Außen}}| \tag{11-17}$$

$$\Delta\vartheta_{\text{Differenz}} = 0{,}1\,\text{K} + 0{,}1\,\text{K} \tag{11-18}$$

$$\Delta\vartheta_{\text{Differenz}} = 0{,}2\,\text{K}$$

- Meßergebnis:

$$\underline{\vartheta_{\text{Differenz}} = 25{,}0\,\text{K} \pm 0{,}2\,\text{K}}$$

Der Wert für die Temperaturdifferenz liegt zwischen 24,8 K und 25,2 K.

Beispiel für ein Produkt von Meßgrößen

Zur Bestimmung der Oberflächenspannung einer Flüssigkeit über die Steighöhe in Kapillaren wurden folgende Meßwerte bestimmt:

Radius der Kapillare	$r = 0{,}150\,\text{mm} \pm 0{,}001\,\text{mm}$
Steighöhe der Flüssigkeit in der Kapillare	$h = 63{,}2\,\text{mm} \pm 0{,}1\,\text{mm}$
Dichte der Flüssigkeit	$\rho = 0{,}968\,\dfrac{\text{g}}{\text{cm}^3} \pm 0{,}002\,\dfrac{\text{g}}{\text{cm}^3}$
Erdbeschleunigung	$g = 9{,}81\,\dfrac{\text{m}}{\text{s}^2} \pm 0{,}01\,\dfrac{\text{m}}{\text{s}^2}$

Die Meßwerte entstammen entweder Tabellenwerken oder sie wurden durch Einfachmessung bestimmt.

- Berechnung der Oberflächenspannung σ nach Gl. (11-19):

$$\sigma = \frac{r \cdot h \cdot \rho \cdot g}{2} \tag{11-19}$$

$$\sigma = \frac{0{,}15 \cdot 10^{-3} \cdot 0{,}0632\,\text{m} \cdot 968\,\text{kg/m}^3 \cdot 9{,}81\,\text{m/s}^2}{2} \tag{11-20}$$

$$\sigma = 0{,}045011\,\frac{\text{N}}{\text{m}}$$

$$\underline{\underline{\sigma = 45{,}011\,\frac{\text{mN}}{\text{m}}}}$$

- Berechnung der maximalen relativen Meßunsicherheit nach Gl. (11-21):

$$\frac{\Delta\sigma}{\sigma} = \left|\frac{\Delta r}{r}\right| + \left|\frac{\Delta h}{h}\right| + \left|\frac{\Delta\rho}{\rho}\right| + \left|\frac{\Delta g}{g}\right| \qquad (11\text{-}21)$$

$$\frac{\Delta\sigma}{\sigma} = \frac{0{,}001\,\text{mm}}{0{,}150\,\text{mm}} + \frac{0{,}1\,\text{mm}}{63{,}2\,\text{mm}} + \frac{0{,}002\,\text{g/cm}^3}{0{,}968\,\text{g/cm}^3} + \frac{0{,}01\,\text{m/s}^2}{9{,}81\,\text{m/s}^2} \qquad (11\text{-}22)$$

$$\frac{\Delta\sigma}{\sigma} = 0{,}011$$

$$\underline{\underline{\frac{\Delta\sigma}{\sigma} = 1{,}1\%}}$$

- Aus der *maximalen* relativen Meßunsicherheit kann durch Multiplikation mit dem Meßergebnis die *maximale* absolute Meßunsicherheit berechnet werden:

$$\Delta\sigma = \sigma \cdot 0{,}011 \qquad (11\text{-}23)$$

$$\Delta\sigma = 45{,}011\,\frac{\text{mN}}{\text{m}} \cdot 0{,}011 \qquad (11\text{-}24)$$

$$\underline{\underline{\Delta\sigma = 0{,}5\,\frac{\text{mN}}{\text{m}}}}$$

- Meßergebnis:

$$\sigma = 45{,}0\,\frac{\text{mN}}{\text{m}} \pm 0{,}5\,\frac{\text{mN}}{\text{m}} \qquad (11\text{-}25)$$

Der „wahre" Wert für die Oberflächenspannung liegt damit zwischen $\sigma = 44{,}5\,\frac{\text{mN}}{\text{m}}$ und $\sigma = 45{,}5\,\frac{\text{mN}}{\text{m}}$.

11.2 Angabe des vollständigen Meßergebnisses

Zur Angabe eines Meßergebnisses gehört die Größe, der Zahlenwert, die Einheit und die Meßunsicherheit. Das Meßergebnis ist immer als Gleichung zu schreiben, z. B.

$$l = 9{,}64\,\text{m}$$

Nicht gültig sind folgende Schreibweisen:

l: 9,64 m   oder $\Rightarrow$ 9,64 m

Der angegebene Zahlenwert soll die Genauigkeit der Messung wiederspiegeln. Stellen, die keine Signifikanz (Aussagekraft) haben, sind zu streichen und damit der Meßunsicherheit anzupassen. Signifikante Stellen sind alle Stellen (Vor- und Nachkommastellen) eines Zahlenwertes außer sogenannten führenden Nullen.

Beispiele:

1,45	3 signifikante Stellen
12,24	4 signifikante Stellen
0,1	1 signifikante Stelle
0,000032	2 signifikante Stellen
1000	4 signifikante Stellen
1,0	2 signifikante Stellen

Die signifikanten Stellen spiegeln die Genauigkeit der Messung wieder. Je mehr signifikante Stellen angegeben werden, um so „genauer" ist das Meßergebnis. Nicht vergessen darf man dabei, daß die signifikanten Stellen allein über die absolute Meßunsicherheit festgelegt werden können. Ein Meßergebnis wird so gerundet, daß es genauso viele Nachkommastellen wie die absolute Meßunsicherheit besitzt (gleiche Einheit vorausgesetzt). Relative und absolute Meßunsicherheiten werden mit ein oder zwei signifikanten Stellen angegeben. Obwohl die Stellenzahl für das Meßergebnis über die absolute Meßunsicherheit bestimmt wird, gibt man das Meßergebnis am besten mit der relativen Meßunsicherheit an, da diese eine größere Aussagekraft hat. Grundsätzlich ist darauf zu achten, daß der Zahlenwert des Meßergebnisses zwischen 0,1 und 1000 liegt, da wir für diesen Zahlenbereich das beste Vorstellungsvermögen haben. Erreicht wird dies durch die dezimalen Teile und Vielfache (Milli, Kilo, ...), die der Einheit eines Meßergebnisses vorangestellt werden können.

Beispiel: Die Bestimmung der Viskosität einer Flüssigkeit ergab: $\eta = 0{,}012256345$ Pa·s. Die Berechnung der Meßunsicherheit über die Fortpflanzung der Meßunsicherheiten der einzelnen Meßgrößen ergab: $\Delta\eta = 0{,}00034$ Pa·s.

Angabe des Ergebnisses mit absoluter Meßunsicherheit:

$$\eta = 12{,}26 \, \text{mPa} \cdot \text{s} \pm 0{,}34 \, \text{mPa} \cdot \text{s} \quad \text{oder auch}$$

$$\eta = (12{,}26 \pm 0{,}34) \, \text{mPa} \cdot \text{s}$$

Zur Angabe des Ergebnisses mit relativer Meßunsicherheit muß diese erst berechnet werden (Gl. 11-26):

$$\frac{\Delta\eta}{\eta} = \frac{0,4\,\text{mPa}\cdot\text{s}}{12,26\,\text{mPa}\cdot\text{s}} \qquad\qquad (11\text{-}26)$$

$$\frac{\Delta\eta}{\eta} = 0,028$$

$$\underline{\underline{\frac{\Delta\eta}{\eta} = 2,8\%}}$$

Ergebnis mit relativer Meßunsicherheit:

$$\underline{\underline{\eta = 12,26\,\text{mPa}\cdot\text{s} \pm 12,26\,\text{mPa}\cdot\text{s}\cdot 2,8\%}}$$

oder nach Ausklammern der Viskosität

$$\underline{\underline{\eta = 12,26\,\text{mPa}\cdot\text{s}\cdot(1\pm 2,8\%)}}$$

Weit verbreitet ist folgende Form: $\eta = 12,26\,\text{mPa}\cdot\text{s}\pm 2,8\%$. Diese Angabeform ist nicht korrekt, da aus einer physikalischen Größe mit Einheit und einem Zahlenwert keine Summe gebildet werden darf. Summen können nur aus gleichen Größen mit gleichen Einheiten gebildet werden.

11.3 Fortpflanzung von Meßunsicherheiten in der HPLC

Bei der Probennahme, bei der Probenvorbereitung im analytischen Laboratorium und bei der Durchführung der Quantifizieruung mit Hilfe der HPLC ergeben sich aus jedem Teilprozeß Unsicherheiten, deren Höhe vom erfahrenen Anwender abgeschätzt werden kann. Für einen Gesamtprozeß von der Probennahme bis zum Quantifizierungsergebnis werden zum Beispiel folgende Meßunsicherheiten in einem Laboratorium abgeschätzt:

- Probennahme   10%
- Probenvorbereitung   5%
- HPLC-Pumpe   1%
- Injektion   1%

- Trennung   1%
- Detektion   0,5
- Kalibrierung   1%

Für den additiven Gesamtprozeß wird die mittlere, absolute Meßunsicherheit nach Gl. (11-2) berechnet:

$$\Delta \overline{F} = \sqrt{10^2 + 5^2 + 1^2 + 1^2 + 1^2 + 0,5^2 + 1^2} = \underline{11,36\%}$$

Die zu erwartende Gesamtunsicherheit von 11,36% ist nach Ansicht des betreffenden Laborleiters nicht zu akzeptieren. Darauf verbesserte der Laborant mit großem Aufwand die Injektion von 1 auf 0,5% und die Kalibrierung von 1 auf 0,8%. Die Gesamtunsicherheit beträgt nun:

$$\Delta \overline{F} = \sqrt{10^2 + 5^2 + 1^2 + 0,5^2 + 1^2 + 0,5^2 + 0,8^2} = \underline{11,32\%}$$

Die Auswirkung auf das Gesamtergebnis würde nur 11,36 bis 11,32=0,04% betragen! Falls es aber gelänge, die Probenahme von 10 auf 5% und die Probenvorbereitung von 5 auf 2% zu verbessern, ergäbe sich eine geschätzte Gesamtunsicherheit von:

$$\Delta \overline{F} = \sqrt{5^2 + 2^2 + 1^2 + 1^2 + 1^2 + 0,5^2 + 1^2} = \underline{5,76\%}$$

Eine deutliche Verbesserung des Gesamtprozesses wäre die Folge.

Die beschriebene Vorgehensweise wird beim „Pareto-Prinzip", einer Methode zur Verfahrensoptimierung, ausgenutzt. Zunächst werden alle möglichen Fehler benannt und durch eine Schätzung quantifiziert. Dann gehen alle Bemühungen dahin, daß die zwei Arbeitsschritte mit der größten Meßunsicherheit optimiert werden. Danach wird das Verfahren weiter untersucht und gegebenenfalls weiter optimiert.

12 Statistik bei der Probennahme

Die Probennahme ist eine sehr schwierig zu beschreibende Tätigkeit, da sie von sehr vielen Stoff- und Umgebungsparametern abhängig ist. In diesem Kapitel soll versucht werden, einige allgemein gültige Richtlinien aufzuzeichnen [8].

Eine Stichprobe („Probe") ist eine Auswahl einer Probe aus einer bestimmten Grundgesamtheit. Ziel ist es, durch die Analyse von Stichproben, statt der der Grundgesamtheit, Zeit und Geld zu sparen. Dazu kommt noch, daß nach einer kompletten und damit perfekten Analyse der Grundgesamtheit diese vollständig verbraucht wäre.

Das Problem besteht darin, daß die gezogenen Stichproben die gesamte Grundgesamtheit repräsentieren soll. Wenn in 10 Tabletten, die als Stichprobe genommen wurden, der Gehalt an Wirkstoff mit einem Variationskoeffizienten von 1% streut, sollte diese Streuung auch in der gesamten Grundgesamtheit vorhanden sein.

Grundsätzlich kennt jedoch niemand die Streuung der Grundgesamtheit.

Ein leider sehr häufig angewandtes Verfahren bei der Stichprobenwahl ist es, irgend eine wahllose Sammlung von Meßwerten als „repräsentative Stichprobe" aufzuwerten. Bei Meinungsumfragen von Reporterteams wird dieses Verfahren häufig praktiziert. Es besteht dabei immer die Unklarheit, aus welcher Grundgesamtheit die Stichprobe ausgewählt wurde („alt" oder „jung", „männlich" oder „weiblich" usw.). Aber auch in der analytischen Chemie werden häufig Stichproben gezogen, ohne daß die Grundgesamtheit genau definiert wird. Werden die Proben wahllos an der Oberfläche eines Faßinhalts gezogen, wirken sich beispielsweise unterschiedliche Körnungsgrößen oder Dichten von Komponenten auf die Repräsentanz der Stichproben aus.

Wenn aus der Grundgesamtheit Stichproben gezogen werden sollen, gelten die folgenden Überlegungen [4]:

- Die Stichprobe muß für die Grundgesamtheit repräsentativ sein.
- Die Stichprobe muß ausreichend groß, aber aus Kostengründen auch nicht überdimensioniert sein.
- Die Stichproben sollen aus unabhängigen Elementen bestehen.
- Die Stichproben müssen entweder zufällig oder systematisch gezogen werden.

12.1 Stichprobenauswahl

Es gibt verschiedene Arten von Stichproben, je nachdem welches Auswahlverfahren verwendet wurde, z. B. [4]:

- Zufallsauswahl
- mehrstufiges Zufallsverfahren
- Wahrscheinlichkeitsauswahl
- systematische Auswahl
- Randomisieren

12.1.1 Zufallsauswahl

Zufallsstichproben sind Stichproben, die durch völlig freies Ziehen einer Probe aus der Grundgesamtheit zustande kommen. Dabei muß jedes Element aus der Grundgesamtheit die „Chance" haben, in die Stichprobe gewählt zu werden.

Nehmen wir an, es sollte geprüft werden, ob vorher gebrauchte Fässer in einer Faßreinigungsmaschine richtig gespült werden. Dazu könnten alle Fässer, die mit Nummern gekennzeichnet werden, in ein Auswahlverfahren gebracht werden, z. B. durch „Losen". Anschließend werden die ausgelosten Fässer auf ihren Reinigungsgrad hin überprüft. Als Beispiel wird angenommen, man würde einen Stichprobenumfang von 3 Fässern wählen und es wären 20% der Fässer nicht sauber (diese Prozentzahl ist natürlich nicht bekannt). Die Wahrscheinlichkeit für jedes Faß, unsauber zu sein, beträgt 20% oder 0,2. Da jedes Faß unabhängig voneinander beurteilt wird, beträgt die Wahrscheinlichkeit, daß *alle drei* Fässer unrein sind, nach Gl. (12-1):

$$P = 0{,}2 \cdot 0{,}2 \cdot 0{,}2 = 0{,}008 \,\hat{=}\, \underline{0{,}8\%} \qquad (12\text{-}1)$$

Mit einer Wahrscheinlichkeit von durchschnittlich 0,8% erhielte man die völlig falsche Information „alle Fässer sind unrein". Doch sind drei Stichproben sicherlich zu wenig, um die Grundgesamtheit zu repräsentieren. Bei einem Stichprobenumfang von N Proben ist die Wahrscheinlichkeit P, daß *alle* Fässer schmutzig sind, nach Gl. (12-2):

$$P = 0{,}2^N \qquad (12\text{-}2)$$

Beträgt der Stichprobenumfang N bereits 10, wäre die Wahrscheinlichkeit einer total falschen Antwort nach Gl. (12-3):

$$0{,}2^{10} = 0{,}0000001024 = \underline{0{,}00001024\%} \qquad (12\text{-}3)$$

Zufallsstichproben haben zwei Eigenschaften:

- Durch das zufallsbedingte Auswahlverfahren gibt es keine systembedingte Auswahlverzerrung.
- Der Stichprobenumfang N, mit dem ein repräsentatives Ergebnis geliefert werden kann, kann abgeschätzt werden. Die Chance für ein repräsentatives Ergebnis nimmt mit dem Stichprobenumfang N exponentiell zu.

Die Größe der Grundgesamtheit beeinflußt das Ergebnis dagegen kaum. Eine Stichprobe von 10 aus einer Gesamtheit von 100 000 liefert in etwa das gleiche Ergebnis, als würden 10 Stichproben aus 1000 Elementen der Grundgesamtheit gezogen.

Das Verfahren zur Auswahl einer Zufallsstichprobe ist relativ einfach, am Beispiel der Faßreinigung wäre der Verfahrensgang wie folgt:

- Alle Fässer werden mit Nummern gekennzeichnet.
- Jede Nummer wird in eine Liste eingetragen.
- Die Anzahl der Ziehungen wird festgelegt (Stichprobenumfang N).
- Die Zufallsstichproben werden mit Hilfe einer Zufallszahlentabelle ausgewählt.
- Die entsprechenden Fässer werden gesucht und überprüft.
- Das Verfahren wird mehrmals wiederholt.

Eine Zufallszahlentabelle, wie sie in Abschnitt 13.1.8 enthalten ist, kann mit Hilfe von Computerprogrammen erzeugt werden (echte Zufallszahlen, keine Pseudozufallszahlen!). Die Zahlen stehen zueinander in keinem bekannten Verhältnis. Man beginnt irgendwo in der Zufallstabelle und bewegt sich in eine Richtung der aufeinanderfolgenden Zahlen.

Angenommen, es sollen $N=5$ Stichproben aus 50 Fässern gezogen werden. In der im Abschnitt 13.1.8 enthaltenen Zufallstabelle beginnt man z. B. in der 18. Reihe links außen:

$$\textbf{02} \ (82) \ \textbf{35} \ \textbf{28} \ (62) \ (84) \ (91) \ (95) \ \textbf{48} \ (83) \ \textbf{47}$$

Die in Klammern geschriebenen Zufallsnummern 82, 62, 84, 91, 83 werden ignoriert, diese Faßnummern gibt es nicht in der Liste (Faß 1 bis 50). Als Zufallsstichprobe wären die Fässer 2, 35, 28, 48 und 47 in die Auswahl gekommen.

12.1.2 Mehrstufiges Zufallsverfahren

Bei der Auswahl der Stichproben nach dem Zufallsverfahren kann man auch zweistufig vorgehen [4]. Zunächst wird die Gesamtheit der Proben in Bereiche aufgeteilt, anschließend werden Stichproben aus den jeweiligen Bereichen gezogen. Bei unserem Fässerbeispiel könnten die Fässer, die auf verschiedenen Stellen des Faßhofes stehen, in Gebietszonen (links, rechts, vorne, hinten usw.) eingeteilt werden. Dann erfolgt die übliche zufällige Ziehung der Stichproben. Mit diesem Verfahren vermeidet man, daß bei einer rein zufälligen Ziehung bestimmte Zonen des Faßhofes gar nicht berücksichtigt werden. Wegen eventueller Witterungseinflüsse kann dies jedoch u. U. sehr wichtig sein. Die Zahl der Stichproben kann wie bei einer rein zufälligen Ziehung gleich groß bleiben.

12.1.3 Wahrscheinlichkeitsauswahl

Bei einer Zufallsstichprobe ist die Chance, daß alle Elemente der Grundgesamtheit bei der Stichprobenauswahl berücksichtigt werden, gleich groß. Bei einer Wahrscheinlichkeitsauswahl ist diese Chancengleichheit aufgehoben. Es werden aufgrund logischer Zusammenhänge bestimmte Elemente übergewichtet. Wenn bei unsrem Faßbeispiel die Fässer aus verschiedenen Produktionsteilen stammen, sind die Fässer, in denen z. B. Tenside gelagert wurden, sicherlich besser zu säubern als z. B. Fässer aus einer Produktion mit öligen, wasserunlöslichen Substanzen.

Werden die Fässer mit Tensiden nicht besonders gelagert, sondern werden im Faßpool verteilt, ist die Wahrscheinlichkeit sehr groß, daß beim häufigen Ziehen dieser Fässer im Stichprobenverfahren die Beantwortung der ursprünglichen Fragestellung „Verschmutzung" verfälscht wird. Beim Ziehen eines Tensidfasses kann das Ergebnis „sauber" oder „schmutzig" mit einem Gewichtungsfaktor versehen werden, der die Bedeutung der Tensidfässer im Gesamtpool herabsetzt. Der Faktor kann durch die Gesamtzahl der Tensidfässer und der Gesamtzahl der Nichttensidfässer abgeschätzt werden [4].

12.1.4 Systematische Auswahl

Oft werden Stichproben in einer Art gezogen, die sich leider jeglicher Systematik entziehen. Wenn z. B. die ersten fünf Fässer der Liste eines Faßpools geprüft werden, ist die Auswahl sicherlich bequem, eine systematische Stichprobenwahl ist dies jedoch nicht. Wahrscheinlich führt die Auswahl solcher unsystematischer Stichproben zu massiven Verzerrungen. So können die ersten fünf Fässer aus einer bestimmten Reinigungsanlage stammen, die besonders gut oder schlecht arbeitet. Der systematische Fehler in dieser Auswahl ist dabei nicht oder nur sehr schlecht zu erkennen, weil wahrscheinlich immer derselbe Fehler bei der Auswahl gemacht wird.

Besser ist die *systematische Auswahl*, allerdings ist auch diese Auswahlform nicht immer empfehlenswert. Die systematische Auswahl wird dadurch vorgenommen, daß von der Gesamtliste jedes N-te Element in die Auswahl kommt. Sollen von 1000 Fässern Stichproben genommen werden, werden z. B. die Fässer Nr. 99,199, 299, 399, 499, 599, 699, 799, 899, 999 in die Auswahl genommen. Diese Art der Stichprobenziehung kann gute Ergebnisse liefern, wenn in der Liste keine Regelmäßigkeiten auftreten, kurz, wenn die Liste zufällig geführt wird. Eine verläßlichere Variante der Stichprobenauswahl ist es, wenn man die Gesamtliste in N Bereiche teilt und in den Bereichen ein Element zufällig auswählt.

12.1.5 Randomisieren

Unter Randomisieren versteht man die zufällige Vergleichmäßigung einer Probe. Nehmen wir an, ein großes Bündel Fasern müßte auf die Länge der Einzelfasern (Stapellänge) untersucht werden. Die Gesamtheit aller Fasern kann aus Zeitgründen nicht untersucht werden. Beim Randomisieren teilt man das Gesamtbündel z. B. in 8 Einzelbündel und legt diese nebeneinander. Etwa jeweils die Hälfte von zwei benachbarten Bündeln werden zu einem Bündel vereinigt,

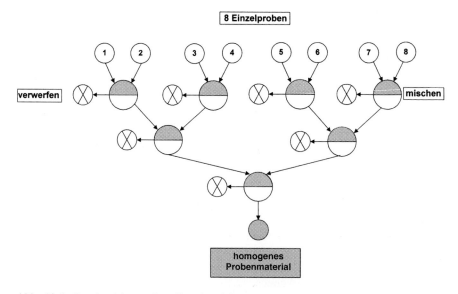

Abb. 12-1. Randomisieren eines Faserbündels

der Rest wird weggelegt. Man hat nun 4 Bündel, aus denen wieder jeweils die Hälfte weggelegt wird und zwei benachbarte Bündel vereinigt werden. So wird aus den 8 Bündeln nach und nach nur ein repräsentatives Bündel, welches dann Faser für Faser auf die Stapellänge untersucht wird. Es ist sehr wahrscheinlich, daß dieses eine Bündel recht gut die Gesamtheit repräsentiert (Abb. 12-1).

12.2 Schätzung des Stichprobenumfangs *n*

Die Festlegung des Stichprobenumfangs *n* kann im allgemeinen nicht direkt und vor allem nicht allgemeinverbindlich vorgenommen werden. Dafür sind die betriebsspezifischen Probleme bei der Probennahme zu umfangreich, um die Ermittlung des Stichprobenumfangs zu verallgemeinern. Jedoch können die nachfolgenden Überlegungen helfen, den notwendigen Umfang der Stichproben abzuschätzen.

Danach kann die Abschätzung des minimalen Stichprobenumfangs mit vorgegebener, anwendungsbezogener Genauigkeit bei normalverteilten Proben mit Gl. (12-4) vorgenommen werden [8].

$$n \geq \left(\frac{z_a}{d}\right)^2 \cdot s^2 \tag{12-4}$$

In Gl. (12-4) bedeutet:

n Stichprobenumfang
z_a Schranken der Normalverteilung (Tabelle 12-1)
s abgeschätzte Standardabweichung
d zulässige Abweichung

Die in Gl. (12-4) enthaltene Normalverteilungsschranke z_a ist Tabelle 12-1 zu entnehmen.

Tabelle 12-1. Schranken der Normalverteilung

Statistische Sicherheit P in %	z_a
90	1,645
95	1,960
99	2,576
99,9	3,291

Angenommen, die abgeschätzte Standardabweichung s einer Grundgesamtheit sei 1,5. Wenn es das geforderte Ziel ist, daß die geforderte Genauigkeit $d = 0,5$ sein soll, wären nach Gl. (12-5) mit einer statistischen Sicherheit von $P = 95\%$ mindestens 35 Stichproben notwendig.

$$n \geq \left(\frac{1,960}{0,5} \right)^2 \cdot 1,5^2 = \underline{34,6} \tag{12-5}$$

Das Problem ist, daß die Standardabweichung der Grundgesamtheit s nicht bekannt ist. Man versucht daher, aus Voruntersuchungen oder anderen Erfahrungswerten die Standardabweichung der Grundgesamtheit zu schätzen. Es macht einen großen Unterschied aus, ob die Standardabweichung der Grundgesamtheit z. B. mit $s = 10$ oder mit $s = 2$ abgeschätzt wird.

Muß s erst anhand von Zufallsstichproben abgeschätzt werden, dient Gl. (12-6) zur Berechnung des Mindestumfangs m zur Abschätzung der Standardabweichung s.

$$m = 1 + 0,5 \cdot \left(\frac{z_a}{d} \right)^2 \tag{12-6}$$

Soll z. B. die geforderte Genauigkeit $d = 0,5$ und die statistische Sicherheit mit $P = 95\%$ angenommen werden, sind nach Gl. (12-7) mindestens neun Stichproben zur Abschätzung von s notwendig.

$$m = 1 + 0,5 \cdot \left(\frac{1,960}{0,5} \right)^2 = \underline{8,7} \tag{12-7}$$

Wenn Gl. (12-5), die Berechnung der Mindeststichprobenmenge n, gelten soll, ist ein Mindestumfang m von mehr als 60 zur Abschätzung der Standardabweichung s notwendig.

Ist der Mindestumfang m zur Abschätzung der Standardabweichung s jedoch kleiner als 60, wird in Gl. (12-5) der Korrekturfaktor C eingeführt, es gilt dann Gl. (12-8). Die Korrekturfaktoren C sind aus der Tabelle 12-2 zu entnehmen [8].

$$n \geq \left(\frac{z_a}{d} \right)^2 \cdot s^2 \cdot C \tag{12-8}$$

In der analytischen Praxis müssen alle Gegebenheiten der Probennahme und der geforderten Gesamtgenauigkeit des Analysenverfahrens berücksichtigt werden, um eine Aussage über den Stichprobenumfang zu bekommen. Oft will man auch mehrere Aussagen mit dem Analysenergebnis belegen, was durch die geforderte Genauigkeit bei der Probennahme Ausdruck findet.

Tabelle 12-2. Korrekturfaktoren, wenn $m < 60$ Stichprobenumfang

Stichprobenumfang zur Abschätzung von s	Korrekturfaktor C
größer als 60	1,000
60	1,011
40	1,017
20	1,036
15	1,049
12	1,064
10	1,071

12.3 Untersuchung auf Repräsentanz der Stichprobe

Bei der Probennahme von homogenen Flüssigkeiten oder Gasen ist es gewöhnlich einfach, die Stichprobe in seiner quantitativen Durchschnittlichkeit zu repräsentieren. Bei Feststoffen ist dies jedoch kritisch, weil Feststoffgemische als mehr oder weniger heterogene Gemische aufzufassen sind. Infolge der Körnigkeit fester Proben läuft der Probennehmer Gefahr, daß von der einen oder anderen Komponente ein nichtrepräsentativer Anteil erfaßt wird. Nach [21] werden wiederholt genommene Proben zu Ergebnissen führen, die mit dem Quotient aus Standardabweichung und Komponentengehalt streuen. Die Gesamtstreuung setzt sich aus dem Analysenfehler und aus dem Probenauswahlfehler zusammen:

$$\left(\frac{s_G}{x}\right)_G^2 = \left(\frac{s_P}{x}\right)_P^2 + \left(\frac{s_A}{x}\right)_A^2 \qquad (12\text{-}9)$$

In Gl. (12-9) bedeutet:

$$\left(\frac{s_G}{x}\right)_G^2 \qquad \text{Quotient der Gesamtstreuung}$$

$$\left(\frac{s_A}{x}\right)_A^2 \qquad \text{Quotient der Analysenstreuung}$$

$$\left(\frac{s_P}{x}\right)^2_P \qquad \text{Quotient der Probenentnahmestreuung}$$

Für ein Gemisch aus zwei Feststoffen kann man den Quotienten der Probennahmestreuung mit Gl. (12-10) abschätzen [21]:

$$\left(\frac{s_P}{x}\right)^2_P = \frac{1-x}{x} \cdot \frac{\rho_1 \cdot \rho_1}{\bar{\rho}^2} \cdot \frac{\overline{V}}{V_P} \qquad (12\text{-}10)$$

In Gl. (12-10) bedeutet:

s_P	Standardabweichung der Probennahme eines Feststoffes mit zwei Komponenten
x	Konzentration der Komponente 1
ρ_1/ρ_2	Dichten der Komponente 1 bzw. 2
$\bar{\rho}$	mittlere Dichte des Gesamtmaterials
$\overline{V}$	mittleres Volumen eines Korns
V_P	Volumen der Probe

Wird Gl. (12-10) vereinfacht mit $\rho_1 \approx \rho_2 \approx \bar{\rho}$ und setzt man für $\overline{V} = \rho \cdot \overline{M}$ ein, erhält man Gl. (12-11):

$$\left(\frac{s_P}{x}\right)^2_P = \frac{1-x}{x} \cdot \frac{\overline{M}}{M_P} \qquad (12\text{-}11)$$

Aus Gl. (12-11) kann man entnehmen, daß die Probennahmestreuung eines Feststoffgemisches mit
- einer abnehmenden Konzentration x
- einer abnehmenden Probenmasse M_P
- steigender mittlerer Masse $\overline{M}$ des Korns

zunimmt.

Das Einsetzen von Gl. (12-9) in Gl. (12-11) ergibt die Berechnung der Gesamtstreuung durch Gl. (12-12):

$$\left(\frac{s_G}{x}\right)^2_G = \frac{1-x}{x} \cdot \frac{\overline{M}}{M_P} + \left(\frac{s_A}{x}\right)^2_A \qquad (12\text{-}12)$$

Die Repräsentanz einer festen Stichprobe ist dann gegeben, wenn die folgende Beziehung zutrifft (Gl. 12-13):

$$\frac{1-x}{x} \cdot \frac{\overline{M}}{M_P} \approx \left(\frac{s_A}{x}\right)^2_A \approx \left(\frac{s_P}{x}\right)^2_P \tag{12-13}$$

Die Probenrepräsentanz ist jedoch nur mit der Gesamtstreuung s_G, d.h. der Analysen- und der Probennahmestreuung, zu beurteilen. Nach [21] gilt die folgende Beziehung (Gl. 12-14):

$$s_G^2 = \frac{s_A^2}{n} \cdot \left(q^2 + \frac{1}{\hat{N}}\right) \tag{12-14}$$

In Gl. (12-14) bedeutet:

s_G Gesamtstreuung
s_A Analysenstreuung
n Stichprobenumfang
$\hat{N}$ Anzahl der Parallelproben
q geschätztes Verhältnis zwischen Analysen- und Probennahmefehler ($q > 1$)

Aus Gl. (12-14) ist zu erkennen, daß sowohl durch die Erhöhung des Stichprobenumfangs n als auch durch die Erhöhung der Parallelbestimmungen $\hat{N}$ die Gesamtstreuung der Analyse geringer wird. Allerdings wirkt sich die Erhöhung des Stichprobenumfangs n weit stärker aus als die Erhöhung von Parallelanalysen $\hat{N}$. Durch geeignete Wahl von n und $\hat{N}$ können Fehler vermieden werden.

Am wirkungsvollsten ist eine Repräsentanzprüfung durch einen experimentellen Versuch [21]. Es wird dabei untersucht, ob eine Stichprobe das jeweilige Material (Grundgesamtheit) repräsentiert. Dazu werden z. B. acht Proben einer Grundgesamtheit entnommen, homogenisiert (gewöhnlich durch Lösen der Probe in einem Lösemittel) und jeweils zweimal analysiert. In der Tabelle 12-3

Tabelle 12-3. Werte der acht Serien

Serie	1	2	3	4	5	6	7	8
Wert 1	12,31	12,78	12,11	12,34	12,44	12,42	12,34	12,22
Wert 2	12,46	12,44	12,34	12,56	12,29	12,30	12,34	12,34
$\overline{x}_i$	12,36	12,61	12,23	12,45	12,37	12,36	12,34	12,28

Tabelle 12-4. Differenzquadrate der Einzelmittelwerte und dem „Mittelwert der Mittelwerte"

Serie	1	2	3	4
$\bar{x}$	12,36	12,61	12,23	12,45
$\hat{x}$ = Betrag 1	12,337	12,337	12,337	12,337
$(\hat{x} - \bar{x}_i)$ Differenz	0,008	0,233	−0,152	0,073
Quadrat der Differenz	0,00007	0,0543	0,0231	0,00535

	5	6	7	8
$\bar{x}$	12,37	12,36	12,34	12,28
$\hat{x}$ = Betrag 1	12,337	12,337	12,337	12,337
$(\hat{x} - \bar{x}_i)$ Differenz	−0,012	−0,017	−0,0037	−0,097
Quadrat der Differenz	0,00014	0,00029	0,00136	0,00934

sind die beiden Werte einer Serie in der 1. und 2. Zeile angegeben. In der 3. Zeile sind die Mittelwerte der beiden Werte aufgeführt. Aus den acht Mittelwerten wird ein „Mittelwert der Mittelwerte $\hat{x}$" errechnet.

Der „Mittelwert der Mittelwerte" beträgt $\hat{x} = 12,377$ (= Betrag 1).

In der 3. Zeile der Tabelle 12-4 sind die Differenzen zwischen dem „Mittelwert der Mittelwerte $\hat{x}$" und dem Mittelwert der einzelnen Serien aufgeführt, in der 4. Zeile die Quadrate der Differenzen. Diese Summe der Differenzenquadrate zwischen den Einzelmittelwerten und dem „Mittelwert der Mittelwerte $\hat{x}$" ergibt den Wert 0,093997 (= Betrag 2).

Summe der Differenzenquadrate der 4. Zeile in Tabelle 12-4 ergibt 0,093997 (= Betrag 2).

Die Quadratsumme *zwischen den Serien* Q_1 wird errechnet, indem das Differenzenquadrat (Betrag 2) durch die Anzahl der Parallelbestimmungen $(\hat{N} = 2)$ dividiert wird:

$$Q_1 = \frac{\Sigma(\bar{x}_i - \hat{x})^2}{\hat{N}} = \frac{0,093997}{2} = 0,046998 \qquad (12\text{-}15)$$

Die Varianz s^2 wird berechnet, in dem die Quadratsumme zwischen den Serien Q_1 durch die Anzahl der Freiheitsgrade $(f = N-1 = 8-1 = 7)$ dividiert wird.

$$s_1^2 = \frac{0,046998}{7} = 0,006714 \qquad (12\text{-}16)$$

Tabelle 12-5. Quadrate der Meßwertdifferenzen

Serie	1	2	3	4	5	6	7	8
Wert 1	12,31	12,78	12,11	12,34	12,44	12,42	12,34	12,22
Wert 2	12,46	12,44	12,34	12,56	12,29	12,30	12,34	12,34
Differenz Wert 1 zu Wert 2	−0,15	0,34	−0,23	−0,22	0,15	0,12	0	−0,12
Quadrat der Differenzen	0,0225	0,1156	0,0529	0,0484	0,0225	0,0144	0	0,0144

Zur Berechnung der Quadratsumme *innerhalb der Serien* Q_2 werden die Differenzen zwischen den beiden Meßwerten gebildet und diese Differenzen quadriert.

Aus der Zeile 4 der Tabelle 12-5 sind die Quadrate der Differenzen zwischen den Werten 1 und 2 zu entnehmen.

Die Summe der Differenzenquadrate der 4. Zeile in Tabelle 12-5 ergibt 0,2907 (= Betrag 3). Die Berechnung der Quadratsumme Q_2 erfolgt mit Gl. (12-17).

$$Q_2 = \frac{\Sigma(x_j - x_i)^2}{N} = \frac{0,2907}{2} = 0,1435 \qquad (12\text{-}17)$$

Die Varianz innerhalb der Serien s_2^2 wird errechnet mit Gl. (12-18):

$$s_2^2 = \frac{Q_2}{N} = \frac{0,1435}{8} = 0,01817 \qquad (12\text{-}18)$$

Es wird eine Varianzenhomogenitätsprüfung („zwischen den Serien" und „innerhalb der Serien") mit dem *F*-Test vorgenommen (Gl. 12-19), dabei wird ein Signifikanzniveau von *P* = 95% vorgeschlagen.

$$F = \frac{s_2^2}{s_1^2} = \frac{0,01817}{0,006714} = 2,71 \qquad (12\text{-}19)$$

Aus der *F*-Tabelle findet man mit (*P* = 95%, $f_1 = 7$, $f_2 = 8$) den Wert 3,50. Da der berechnete *F*-Wert (2,71) kleiner ist als der Tabellenwert, kann eine Varianzeninhomogenität „zwischen den Serien" im Vergleich zu „innerhalb der Serien" nicht nachgewiesen werden. Es ist von Varianzenhomogenität auszugehen.

Als nächstes muß überprüft werden, ob die repräsentative Probennahme innerhalb der zulässigen Gesamtstreuung bleibt.

Es wird in unserem Beispiel vom Laborleiter in Übereinstimmung mit dem Kunden festgelegt, daß die Schwankung zwischen den Ergebnissen nicht mehr als 1% (relativ, bezogen auf den Mittelwert von $\hat{x} = 12{,}337\%$) betragen darf.

Der Analysenfehler s_2 „in den Serien" wird mit Gl. (12-20) berechnet:

$$s_2 = \sqrt{s_2^2} = \sqrt{0{,}01817} = \underline{0{,}135} \tag{12-20}$$

Der relative Fehler R „innerhalb der Serien" wird berechnet mit Gl. (12-21):

$$R = \frac{s_2}{\hat{x}} \cdot 100\% = \frac{0{,}135}{12{,}337} \cdot 100\% = \underline{1{,}094\%} \tag{12-21}$$

Der Prüfwert Φ^2 wird berechnet mit Gl. (12-22):

$$\Phi^2 = \frac{R_V^2}{R_B^2} = \frac{1^2}{1{,}094^2} = \underline{0{,}835} \tag{12-22}$$

In Gl. (12-22) bedeutet:

R_V Quadrat des vorgegebenen relativen Fehlers (1%)
R_B Quadrat des berechneten Fehlers (1,094)

Der berechnete Wert Φ^2 wird mit den Werten einer Φ^2-Tabelle ($P=95\%$, $f_1 = 7$, $f_2 = 8$) verglichen. Dieser Wert beträgt 6,15 nach Tabelle 12-6.

Ist der berechnete Wert (0,835) *kleiner* als der Tabellenwert (6,15), ist davon auszugehen, daß die Probennahme noch *nicht* repräsentativ ist. Da dies der Fall ist, muß die Probennahme in unserem Beispiel verbessert werden.

Tabelle 12-6. Φ^2-Werte ($P=95\%$) [23]

f_1	f_2	Φ^2	f_1	f_2	Φ^2	f_1	f_2	Φ^2
4	6	8,29	6	6	7,95	7	6	7,84
4	8	6,76	6	8	6,30	**7**	**8**	**6,15**
4	10	6,05	6	10	5,48	7	10	5,31
4	12	5,52	6	12	4,93	7	12	4,46

13 Anhang

13.1 Tabellen

13.1.1 Signifikanzschranken ($P=90\%$) nach David et al. [10] zur Prüfung auf Normalverteilung

Anzahl N	Untere Grenze	Obere Grenze	Anzahl N	Untere Grenze	Obere Grenze
3	1,78	2,00	25	3,45	4,53
4	2,04	2,41	30	3,59	4,70
5	2,22	2,71	35	3,70	4,84
6	2,37	2,95	40	3,79	4,96
7	2,49	3,14	45	3,88	5,06
8	2,54	3,31	50	3,95	5,14
9	2,68	3,45	55	4,02	5,22
10	2,76	3,57	60	4,08	5,29
11	2,84	3,68	65	4,14	5,35
12	2,90	3,78	70	4,19	5,41
13	2,96	3,87	75	4,24	5,46
14	3,02	3,95	80	4,28	5,51
15	3,07	4,02	90	4,36	5,60
16	3,12	4,09	100	4,44	5,68
17	3,17	4,15	150	4,72	5,96
18	3,21	4,21	200	4,90	6,15
19	3,25	4,27	500	5,49	6,72
20	3,29	4,32	1000	5,92	7,11

13.1.2 *t*-Tabelle, einseitig für $P=95\%$ und zweiseitig für $P=95$, 99 und 99,9% [3]

f	$P=95\%$ einseitig	$P=95\%$ zweiseitig	$P=99\%$ zweiseitig	$P=99,9\%$ zweiseitig
1	6,31	12,706	63,657	636,619
2	2,92	4,303	9,925	31,598
3	2,35	3,182	5,841	12,924
4	2,13	2,776	4,604	8,610
5	2,02	2,571	4,032	6,869
6	1,94	2,447	3,707	5,959
7	1,89	2,365	3,499	5,408
8	1,86	2,306	3,355	5,041
9	1,83	2,262	3,250	4,781
10	1,81	2,228	3,169	4,587
11	1,80	2,201	3,106	4,437
12	1,78	2,179	3,055	4,318
13	1,77	2,160	3,016	4,221
14	1,76	2,145	2,977	4,140
15	1,75	2,131	2,947	4,073
16	1,75	2,120	2,921	4,015
17	1,74	2,110	2,898	3,965
18	1,73	2,101	2,878	3,922
19	1,73	2,093	2,861	3,883
20	1,72	2,086	2,845	3,850
21	1,72	2,080	2,831	3,819
22	1,72	2,074	2,819	3,792
23	1,71	2,069	2,807	3,767
24	1,71	2,064	2,797	3,745
25	1,71	2,060	2,787	3,725
26	1,71	2,056	2,779	3,707
27	1,70	2,052	2,771	3,690
28	1,70	2,048	2,763	3,674
29	1,70	2,045	2,756	3,659
30	1,70	2,042	2,750	3,646
∞	1,65	1,960	2,576	3,291

13.1.3 F-Tabellen für die Varianzanalyse [3]

F-Tabelle (1) (P=95%)

f_2\\f_1	1	2	3	4	5	6	7	8	9	10	12	15	20	24	30	40	60	120	∞
1	161,4	199,5	215,7	224,6	230,2	234,0	236,8	238,9	240,5	241,9	243,9	245,9	248,0	249,1	250,1	251,1	252,2	253,3	254,30
2	18,51	19,00	19,16	19,25	19,30	19,33	19,35	19,37	19,38	19,40	19,41	19,43	19,45	19,45	19,46	19,47	19,48	19,49	19,50
3	10,13	9,55	9,28	9,12	9,01	8,94	8,89	8,85	8,81	8,79	8,74	8,70	8,66	8,64	8,62	8,59	8,57	8,55	8,53
4	7,71	6,94	6,59	6,39	6,26	6,16	6,09	6,04	6,00	5,96	5,91	5,86	5,80	5,77	5,75	5,72	5,69	5,66	5,63
5	6,61	5,79	5,41	5,19	5,05	4,95	4,88	4,82	4,77	4,74	4,68	4,62	4,56	4,53	4,50	4,46	4,43	4,40	4,36
6	5,99	5,14	4,76	4,53	4,39	4,28	4,21	4,15	4,10	4,06	4,00	3,94	3,87	3,84	3,81	3,77	3,74	3,70	3,67
7	5,59	4,74	4,35	4,12	3,97	3,87	3,79	3,73	3,68	3,64	3,57	3,51	3,44	3,41	3,38	3,34	3,30	3,27	3,23
8	5,32	4,46	4,07	3,84	3,69	3,58	3,50	3,44	3,39	3,35	3,28	3,22	3,15	3,12	3,08	3,04	3,01	2,97	2,93
9	5,12	4,26	3,86	3,63	3,48	3,37	3,29	3,23	3,18	3,14	3,07	3,01	2,94	2,90	2,86	2,83	2,79	2,75	2,71
10	4,96	4,10	3,71	3,48	3,33	3,22	3,14	3,07	3,02	2,98	2,91	2,85	2,77	2,74	2,70	2,66	2,62	2,58	2,54
11	4,84	3,98	3,59	3,36	3,20	3,09	3,01	2,95	2,90	2,85	2,79	2,72	2,65	2,61	2,57	2,53	2,49	2,45	2,40
12	4,75	3,89	3,49	3,26	3,11	3,00	2,91	2,85	2,80	2,75	2,69	2,62	2,54	2,51	2,47	2,43	2,38	2,34	2,30
13	4,67	3,81	3,41	3,18	3,03	2,92	2,83	2,77	2,71	2,67	2,60	2,53	2,46	2,42	2,38	2,34	2,30	2,25	2,21
14	4,60	3,74	3,34	3,11	2,96	2,85	2,76	2,70	2,65	2,60	2,53	2,46	2,39	2,35	2,31	2,27	2,22	2,18	2,13
15	4,54	3,68	3,29	3,06	2,90	2,79	2,71	2,64	2,59	2,54	2,48	2,40	2,33	2,29	2,25	2,20	2,16	2,11	2,07
16	4,49	3,63	3,24	3,01	2,85	2,74	2,66	2,59	2,54	2,49	2,42	2,35	2,28	2,24	2,19	2,15	2,11	2,06	2,01
17	4,45	3,59	3,20	2,96	2,81	2,70	2,61	2,55	2,49	2,45	2,38	2,31	2,23	2,19	2,15	2,10	2,06	2,01	1,96
18	4,41	3,55	3,16	2,93	2,77	2,66	2,58	2,51	2,46	2,41	2,34	2,27	2,19	2,15	2,11	2,06	2,02	1,97	1,92
19	4,38	3,52	3,13	2,90	2,74	2,63	2,54	2,48	2,42	2,38	2,31	2,23	2,16	2,11	2,07	2,03	1,98	1,93	1,88
20	4,35	3,49	3,10	2,87	2,71	2,60	2,51	2,45	2,39	2,35	2,28	2,20	2,12	2,08	2,04	1,99	1,95	1,90	1,84
21	4,32	3,47	3,07	2,84	2,68	2,57	2,49	2,42	2,37	2,32	2,25	2,18	2,10	2,05	2,01	1,96	1,92	1,87	1,81
22	4,30	3,44	3,05	2,82	2,66	2,55	2,46	2,40	2,34	2,30	2,23	2,15	2,07	2,03	1,98	1,94	1,89	1,84	1,78
23	4,28	3,42	3,03	2,80	2,64	2,53	2,44	2,37	2,32	2,27	2,20	2,13	2,05	2,01	1,96	1,91	1,86	1,81	1,76
24	4,26	3,40	3,01	2,78	2,62	2,51	2,42	2,36	2,30	2,25	2,18	2,11	2,03	1,98	1,94	1,89	1,84	1,79	1,73
25	4,24	3,39	2,99	2,76	2,60	2,49	2,40	2,34	2,28	2,24	2,16	2,09	2,01	1,96	1,92	1,87	1,82	1,77	1,71
26	4,23	3,37	2,98	2,74	2,59	2,47	2,39	2,32	2,27	2,22	2,15	2,07	1,99	1,95	1,90	1,85	1,80	1,75	1,69
27	4,21	3,35	2,96	2,73	2,57	2,46	2,37	2,31	2,25	2,20	2,13	2,06	1,97	1,93	1,88	1,84	1,79	1,73	1,67
28	4,20	3,34	2,95	2,71	2,56	2,45	2,36	2,29	2,24	2,19	2,12	2,04	1,96	1,91	1,87	1,82	1,77	1,71	1,65
29	4,18	3,33	2,93	2,70	2,55	2,43	2,35	2,28	2,22	2,18	2,10	2,03	1,94	1,90	1,85	1,81	1,75	1,70	1,64
30	4,17	3,32	2,92	2,69	2,53	2,42	2,33	2,27	2,21	2,16	2,09	2,01	1,93	1,89	1,84	1,79	1,74	1,68	1,62
40	4,08	3,23	2,84	2,61	2,45	2,34	2,25	2,18	2,12	2,08	2,00	1,92	1,84	1,79	1,74	1,69	1,64	1,58	1,51
60	4,00	3,15	2,76	2,53	2,37	2,25	2,17	2,10	2,04	1,99	1,92	1,84	1,75	1,70	1,65	1,59	1,53	1,47	1,39
120	3,92	3,07	2,68	2,45	2,29	2,17	2,09	2,02	1,96	1,91	1,83	1,75	1,66	1,61	1,55	1,50	1,43	1,35	1,25
∞	3,84	3,00	2,60	2,37	2,21	2,10	2,01	1,94	1,88	1,83	1,75	1,67	1,57	1,52	1,46	1,39	1,32	1,22	1,00

F-Tabelle (2) (P=99%)

f_2/f_1	1	2	3	4	5	6	7	8	9	10	12	15	20	24	30	40	60	120	∞
1	4052	4999,5	5403	5625	5764	5859	5928	5982	6022	6056	6106	6157	6209	6235	6261	6287	6313	6339	6366
2	98,50	99,00	99,17	99,25	99,30	99,33	99,36	99,37	99,39	99,40	99,42	99,43	99,45	99,46	99,47	99,47	99,48	99,49	99,50
3	34,12	30,82	29,46	28,71	28,24	27,91	27,67	27,49	27,35	27,23	27,05	26,87	26,69	26,60	26,50	26,41	26,32	26,22	26,13
4	21,20	18,00	16,69	15,98	15,52	15,21	14,98	14,80	14,66	14,55	14,37	14,20	14,02	13,93	13,84	13,75	13,65	13,56	13,46
5	16,26	13,27	12,06	11,39	10,97	10,67	10,46	10,29	10,16	10,05	9,89	9,72	9,55	9,47	9,38	9,29	9,20	9,11	9,02
6	13,75	10,92	9,78	9,15	8,75	8,47	8,26	8,10	7,98	7,87	7,72	7,56	7,40	7,31	7,23	7,14	7,06	6,97	6,88
7	12,25	9,55	8,45	7,85	7,46	7,19	6,99	6,84	6,72	6,62	6,47	6,31	6,16	6,07	5,99	5,91	5,82	5,74	5,65
8	11,26	8,65	7,59	7,01	6,63	6,37	6,18	6,03	5,91	5,81	5,67	5,52	5,36	5,28	5,20	5,12	5,03	4,95	4,86
9	10,56	8,02	6,99	6,42	6,06	5,80	5,61	5,47	5,35	5,26	5,11	4,96	4,81	4,73	4,65	4,57	4,48	4,40	4,31
10	10,04	7,56	6,55	5,99	5,64	5,39	5,20	5,06	4,94	4,85	4,71	4,56	4,41	4,33	4,25	4,17	4,08	4,00	3,91
11	9,65	7,21	6,22	5,67	5,32	5,07	4,89	4,74	4,63	4,54	4,40	4,25	4,10	4,02	3,94	3,86	3,78	3,69	3,60
12	9,33	6,93	5,95	5,41	5,06	4,82	4,64	4,50	4,39	4,30	4,16	4,01	3,86	3,78	3,70	3,62	3,54	3,45	3,36
13	9,07	6,70	5,74	5,21	4,86	4,62	4,44	4,30	4,19	4,10	3,96	3,82	3,66	3,59	3,51	3,43	3,34	3,25	3,17
14	8,86	6,51	5,56	5,04	4,69	4,46	4,28	4,14	4,03	3,94	3,80	3,66	3,51	3,43	3,35	3,27	3,18	3,09	3,00
15	8,68	6,36	5,42	4,89	4,56	4,32	4,14	4,00	3,89	3,80	3,67	3,52	3,37	3,29	3,21	3,13	3,05	2,96	2,87
16	8,53	6,23	5,29	4,77	4,44	4,20	4,03	3,89	3,78	3,69	3,55	3,41	3,26	3,18	3,10	3,02	2,93	2,84	2,75
17	8,40	6,11	5,18	4,67	4,34	4,10	3,93	3,79	3,68	3,59	3,46	3,31	3,16	3,08	3,00	2,92	2,83	2,75	2,65
18	8,29	6,01	5,09	4,58	4,25	4,01	3,84	3,71	3,60	3,51	3,37	3,23	3,08	3,00	2,92	2,84	2,75	2,66	2,57
19	8,18	5,93	5,01	4,50	4,17	3,94	3,77	3,63	3,52	3,43	3,30	3,15	3,00	2,92	2,84	2,76	2,67	2,58	2,49
20	8,10	5,85	4,94	4,43	4,10	3,87	3,70	3,56	3,46	3,37	3,23	3,09	2,94	2,86	2,78	2,69	2,61	2,52	2,42
21	8,02	5,78	4,87	4,37	4,04	3,81	3,64	3,51	3,40	3,31	3,17	3,03	2,88	2,80	2,72	2,64	2,55	2,46	2,36
22	7,95	5,72	4,82	4,31	3,99	3,76	3,59	3,45	3,35	3,26	3,12	2,98	2,83	2,75	2,67	2,58	2,50	2,40	2,31
23	7,88	5,66	4,76	4,26	3,94	3,71	3,54	3,41	3,30	3,21	3,07	2,93	2,78	2,70	2,62	2,54	2,45	2,35	2,26
24	7,82	5,61	4,72	4,22	3,90	3,67	3,50	3,36	3,26	3,17	3,03	2,89	2,74	2,66	2,58	2,49	2,40	2,31	2,21
25	7,77	5,57	4,68	4,18	3,85	3,63	3,46	3,32	3,22	3,13	2,99	2,85	2,70	2,62	2,54	2,45	2,36	2,27	2,17
26	7,72	5,53	4,64	4,14	3,82	3,59	3,42	3,29	3,18	3,09	2,96	2,81	2,66	2,58	2,50	2,42	2,33	2,23	2,13
27	7,68	5,49	4,60	4,11	3,78	3,56	3,39	3,26	3,15	3,06	2,93	2,78	2,63	2,55	2,47	2,38	2,29	2,20	2,10
28	7,64	5,45	4,57	4,07	3,75	3,53	3,36	3,23	3,12	3,03	2,90	2,75	2,60	2,52	2,44	2,35	2,26	2,17	2,06
29	7,60	5,42	4,54	4,04	3,73	3,50	3,33	3,20	3,09	3,00	2,87	2,73	2,57	2,49	2,41	2,33	2,23	2,14	2,03
30	7,56	5,39	4,51	4,02	3,70	3,47	3,30	3,17	3,07	2,98	2,84	2,70	2,55	2,47	2,39	2,30	2,21	2,11	2,01
40	7,31	5,18	4,31	3,83	3,51	3,29	3,12	2,99	2,89	2,80	2,66	2,52	2,37	2,29	2,20	2,11	2,02	1,92	1,80
60	7,08	4,98	4,13	3,65	3,34	3,12	2,95	2,82	2,72	2,63	2,50	2,35	2,20	2,12	2,03	1,94	1,84	1,73	1,60
120	6,85	4,79	3,95	3,48	3,17	2,96	2,79	2,66	2,56	2,47	2,34	2,19	2,03	1,95	1,86	1,76	1,66	1,53	1,38
∞	6,63	4,61	3,78	3,32	3,02	2,80	2,64	2,51	2,41	2,32	2,18	2,04	1,88	1,79	1,70	1,59	1,47	1,32	1,00

F-Tabelle (3) (P=99,9%)

f_1/f_2	1	2	3	4	5	6	7	8	9	10	12	15	20	24	30	40	60	120	∞
1	4053[a]	5000[a]	5404[a]	5625[a]	5764[a]	5859[a]	5929[a]	5981[a]	6023[a]	6056[a]	6107[a]	6158[a]	6209[a]	6235[a]	6261[a]	6287[a]	6313[a]	6340[a]	6366[a]
2	998,5	998,5	999,2	999,2	999,3	999,3	999,4	999,4	999,4	999,4	999,4	999,4	999,4	999,4	999,5	999,5	999,5	999,5	999,5
3	167,0	148,5	141,1	137,1	134,6	132,8	131,6	130,6	129,9	129,2	128,3	127,4	126,4	125,9	125,4	125,0	124,5	124,0	123,5
4	74,14	61,25	56,18	53,44	51,71	50,53	49,66	49,00	48,47	48,05	47,41	46,76	46,10	45,77	45,43	45,09	44,75	44,40	44,05
5	47,18	37,12	33,20	31,09	29,75	28,84	28,16	27,64	27,24	26,92	26,42	25,91	25,39	25,14	24,87	24,60	24,33	24,06	23,79
6	35,51	27,00	23,70	21,92	20,81	20,03	19,46	19,03	18,69	18,41	17,99	17,56	17,12	16,89	16,67	16,44	16,21	15,99	15,75
7	29,25	21,69	18,77	17,19	16,21	15,52	15,02	14,63	14,33	14,08	13,71	13,32	12,93	12,73	12,53	12,33	12,12	11,91	11,70
8	25,42	18,49	15,83	14,39	13,49	12,86	12,40	12,04	11,77	11,54	11,19	10,84	10,48	10,30	10,11	9,92	9,73	9,53	9,33
9	22,86	16,39	13,90	12,56	11,71	11,13	10,70	10,37	10,11	9,89	9,57	9,24	8,90	8,72	8,55	8,37	8,19	8,00	7,81
10	21,04	14,91	12,55	11,28	10,48	9,92	9,52	9,20	8,96	8,75	8,45	8,13	7,80	7,64	7,47	7,30	7,12	6,94	6,76
11	19,69	13,81	11,56	10,35	9,58	9,05	8,66	8,35	8,12	7,92	7,63	7,32	7,01	6,85	6,68	6,52	6,35	6,17	6,00
12	18,64	12,97	10,80	9,63	8,89	8,38	8,00	7,71	7,48	7,29	7,00	6,71	6,40	6,25	6,09	5,93	5,76	5,59	5,42
13	17,81	12,31	10,21	9,07	8,35	7,86	7,49	7,21	6,98	6,80	6,52	6,23	5,93	5,78	5,63	5,47	5,30	5,14	4,97
14	17,14	11,78	9,73	8,62	7,92	7,43	7,08	6,80	6,58	6,40	6,13	5,85	5,56	5,41	5,25	5,10	4,94	4,77	4,60
15	16,59	11,34	9,34	8,25	7,57	7,09	6,74	6,47	6,26	6,08	5,81	5,54	5,25	5,10	4,95	4,80	4,64	4,47	4,31
16	16,12	10,97	9,00	7,94	7,27	6,81	6,46	6,19	5,98	5,81	5,55	5,27	4,99	4,85	4,70	4,54	4,39	4,23	4,06
17	15,72	10,66	8,73	7,68	7,02	6,56	6,22	5,96	5,75	5,58	5,32	5,05	4,78	4,63	4,48	4,33	4,18	4,02	3,85
18	15,38	10,39	8,49	7,46	6,81	6,35	6,02	5,76	5,56	5,39	5,13	4,87	4,59	4,45	4,30	4,15	4,00	3,84	3,67
19	15,08	10,16	8,28	7,26	6,62	6,18	5,85	5,59	5,39	5,22	4,97	4,70	4,43	4,29	4,14	3,99	3,84	3,68	3,51
20	14,82	9,95	8,10	7,10	6,46	6,02	5,69	5,44	5,24	5,08	4,82	4,56	4,29	4,15	4,00	3,86	3,70	3,54	3,38
21	14,59	9,77	7,94	6,95	6,32	5,88	5,56	5,31	5,11	4,95	4,70	4,44	4,17	4,03	3,88	3,74	3,58	3,42	3,26
22	14,38	9,61	7,80	6,81	6,19	5,76	5,44	5,19	4,99	4,83	4,58	4,33	4,06	3,92	3,78	3,63	3,48	3,32	3,15
23	14,19	9,47	7,67	6,69	6,08	5,65	5,33	5,09	4,89	4,73	4,48	4,23	3,96	3,82	3,68	3,53	3,38	3,22	3,05
24	14,03	9,34	7,55	6,59	5,98	5,55	5,23	4,99	4,80	4,64	4,39	4,14	3,87	3,74	3,59	3,45	3,29	3,14	2,97
25	13,88	9,22	7,45	6,49	5,88	5,46	5,15	4,91	4,71	4,56	4,31	4,06	3,79	3,66	3,52	3,37	3,22	3,06	2,89
26	13,74	9,12	7,36	6,41	5,80	5,38	5,07	4,83	4,64	4,48	4,24	3,99	3,72	3,59	3,44	3,30	3,15	2,99	2,82
27	13,61	9,02	7,27	6,33	5,73	5,31	5,00	4,76	4,57	4,41	4,17	3,92	3,66	3,52	3,38	3,23	3,08	2,92	2,75
28	13,50	8,93	7,19	6,25	5,66	5,25	4,93	4,69	4,50	4,35	4,11	3,86	3,60	3,46	3,32	3,18	3,02	2,86	2,69
29	13,39	8,85	7,12	6,19	5,59	5,18	4,87	4,64	4,45	4,29	4,05	3,80	3,54	3,41	3,27	3,12	2,97	2,81	2,64
30	13,29	8,77	7,05	6,12	5,53	5,12	4,82	4,58	4,39	4,24	4,00	3,75	3,49	3,36	3,22	3,07	2,92	2,76	2,59
40	12,61	8,25	6,60	5,70	5,13	4,73	4,44	4,21	4,02	3,87	3,64	3,40	3,15	3,01	2,87	2,73	2,57	2,41	2,23
60	11,97	7,76	6,17	5,31	4,76	4,37	4,09	3,87	3,69	3,54	3,31	3,08	2,83	2,69	2,55	2,41	2,25	2,08	1,89
120	11,38	7,32	5,79	4,95	4,42	4,04	3,77	3,55	3,38	3,24	3,02	2,78	2,53	2,40	2,26	2,11	1,95	1,76	1,54
∞	10,83	6,91	5,42	4,62	4,10	3,74	3,47	3,27	3,10	2,96	2,74	2,51	2,27	2,13	1,99	1,84	1,66	1,45	1,00

[a] Diese Werte sind mit 100 zu multiplizieren.

13.1.4 Tabellenwert für den Grubbs-Ausreißertest (rM-Tabelle) [13]

N	$P=95\%$	$P=99\%$	N	$P=95\%$	$P=99\%$
3	1,153	1,155	24	2,644	2,987
4	1,463	1,492	25	2,663	3,009
5	1,672	1,749	26	2,681	3,029
6	1,822	1,944	27	2,698	3,049
7	1,938	2,097	28	2,714	3,068
8	2,032	2,221	29	2,730	3,085
9	2,110	2,323	30	2,745	3,103
10	2,176	2,410	35	2,811	3,178
11	2,234	2,485	40	2,861	3,240
12	2,285	2,550	45	2,914	3,292
13	2,331	2,607	50	2,956	3,336
14	2,371	2,659	55	2,992	3,376
15	2,409	2,705	60	3,025	3,411
16	2,443	2,747	65	3,056	3,442
17	2,475	2,785	70	3,082	3,471
18	2,504	2,821	75	3,107	3,496
19	2,532	2,854	80	3,130	3,521
20	2,557	2,884	85	3,151	3,543
21	2,580	2,912	90	3,189	3,563
22	2,603	2,939	95	3,171	3,582
23	2,624	2,963	100	3,207	3,600

13.1.5 Vergleichswerte für den Nalimov-Ausreißertest [14]

Freiheits-grad f	$P=95\%$	$P=99\%$	$P=99,9\%$	Freiheits-grad f	$P=95\%$	$P=99\%$	$P=99,9\%$
1	1,409	1,414	1,414	32	1,946	2,502	3,095
2	1,644	1,710	1,725	34	1,947	2,507	3,107
3	1,758	1,924	1,987	36	1,948	2,511	3,117
4	1,816	2,057	2,185	38	1,948	2,514	3,126
5	1,849	2,146	2,335	40	1,949	2,517	3,135
6	1,870	2,209	2,451	42	1,950	2,520	3,142
7	1,885	2,257	2,542	44	1,950	2,523	3,149
8	1,895	2,293	2,616	46	1,951	2,525	3,155
9	1,904	2,322	2,677	48	1,951	2,527	3,161
10	1,910	2,346	2,728	50	1,951	2,529	3,166
11	1,915	2,366	2,772	55	1,952	2,534	3,178
12	1,919	2,383	2,809	60	1,953	2,537	3,187
13	1,923	2,397	2,841	70	1,954	2,543	3,203
14	1,926	2,409	2,870	80	1,955	2,548	3,214
15	1,928	2,420	2,895	90	1,956	2,551	3,223
16	1,930	2,429	2,917	100	1,956	2,554	3,231
17	1,932	2,438	2,937	150	1,958	2,562	3,253
18	1,934	2,445	2,955	200	1,958	2,566	3,264
19	1,935	2,452	2,971	250	1,959	2,568	3,271
20	1,937	2,458	2,986	300	1,959	2,570	3,275
22	1,939	2,469	3,012	400	1,959	2,572	3,281
24	1,941	2,478	3,034	500	1,960	2,573	3,284
26	1,943	2,485	3,053	1000	1,960	2,576	3,291
28	1,944	2,492	3,069	2000	1,960	2,577	3,295
30	1,945	2,497	3,084	∞	1,960	2,576	3,291

13.1.6 Chi-Quadrat-Tabelle

Freiheitsgrad f	χ^2
1	3,84
2	5,99
3	7,81
4	9,49
5	11,07
6	12,59
7	14,07
8	15,51
9	16,92
<u>10</u>	18,31
11	19,68
12	21,03
13	22,36
14	22,68
15	25,00
16	26,30
17	27,59
18	28,87
19	30,14
20	31,41
30	43,77
50	67,50
100	124,34
200	233,99
∞	∞

13.1.7 Signifikanzschranken zum Trendtest nach Neumann [15]

N	P=99%	N	P=99%
4	0,6252	33	1,2283
5	0,5379	34	1,2385
6	0,5815	35	1,2485
7	0,5140	36	1,2581
8	0,6628	37	1,2873
9	0,7058	38	1,2763
10	0,7518	39	1,2850
11	0,7915	40	1,2934
12	0,8260	41	1,3017
13	0,8618	42	1,3096
14	0,8931	43	1,3172
15	0,9221	44	1,3246
16	0,9491	45	1,3317
17	0,9743	46	1,3387
18	0,9979	47	1,7453
19	1,0199	48	1,3515
20	1,0406	49	1,3573
21	1,0601	50	1,3629
22	1,0785	51	1,3683
23	1,0858	52	1,3738
24	1,1122	53	1,3792
25	1,1276	54	1,3846
26	1,1426	55	1,3899
27	1,1567	56	1,3949
28	1,1702	57	1,3999
29	1,1830	58	1,4048
30	1,1951	59	1,4096
31	1,2067	60	1,4144
32	1,2177	∞	2,0000

13.1.8 Zufallszahlen [4]

2000 in Paaren angegebene Zahlen

41 05	41 05	31 87	97 83	98 54	74 53	05 59	17 18	43 12	15 96
14 37	28 51	67 27	89 16	09 71	92 22	23 29	06 37	55 80	03 68
40 64	41 71	70 13	25 95	68 82	20 62	87 17	92 65	46 31	82 88
10 37	57 65	15 62	81 44	33 17	19 05	04 95	48 06	98 69	07 56
57 18	87 91	07 54	11 32	25 49	31 42	36 23	43 86	22 22	20 13
06 12	66 60	93 80	12 23	22 47	47 95	7017	59 33	43 06	47 43
41 40	24 31	29 85	68 71	20 56	31 15	00 53	25 36	58 12	65 22
95 79	29 19	97 72	08 79	31 88	26 51	30 50	71 01	71 51	77 06
17 79	27 53	85 23	70 91	05 74	60 14	63 77	59 93	81 56	47 34
87 90	68 02	75 74	67 52	68 31	72 79	57 73	72 36	48 73	24 36
30 72	97 57	56 09	07 09	25 23	92 24	62 71	26 07	29 82	76 50
52 23	08 25	21 22	43 31	00 10	81 44	86 38	03 07	53 26	15 87
56 67	16 68	26 95	61 57	00 63	60 06	17 36	37 75	99 64	45 69
35 66	65 94	34 71	31 35	38 37	99 10	77 91	89 41	68 75	18 67
59 91	73 78	66 99	57 04	88 65	26 27	79 59	36 82	53 61	93 78
45 47	35 41	44 22	03 42	30 00	94 03	68 59	78 02	31 80	44 99
35 05	54 54	89 88	43 81	63 61	47 46	06 04	79 56	23 04	84 17
02 82	35 28	62 84	91 95	48 83	47 85	65 60	88 51	99 28	24 39
74 69	00 75	67 65	01 71	65 45	57 61	63 46	53 92	29 86	20 18
08 62	49 76	67 42	24 52	32 45	08 30	09 27	04 66	75 26	66 10
74 01	23 19	55 59	79 09	69 82	66 22	42 40	15 96	74 90	75 89
56 75	42 64	57 13	35 10	50 14	90 96	63 36	74 69	09 63	34 88
49 80	04 99	08 54	83 12	19 98	08 52	82 63	72 92	92 36	50 26
43 58	48 96	47 24	87 85	66 70	00 22	15 01	93 99	59 16	23 77
16 65	37 96	64 60	32 57	13 01	35 74	28 36	36 73	05 88	72 29
76 22	23 87	56 54	84 68	36 60	68 90	70 53	36 82	57 99	15 82
70 72	17 98	70 63	90 32	98 00	82 83	93 51	48 56	54 10	72 32
76 52	26 92	14 95	90 15	12 48	36 83	89 95	60 32	41 06	76 14
88 39	12 85	18 86	16 24	82 04	87 99	01 70	33 56	25 80	53 84
42 66	95 78	58 36	29 98	94 58	16 82	86 39	62 15	86 43	54 31
48 50	26 90	55 65	32 25	87 48	31 44	44 68	02 37	31 25	29 63
96 76	55 46	92 36	31 68	62 30	48 29	83 25	23 81	66 40	12 94
38 92	36 15	50 80	35 78	17 84	23 44	41 24	63 33	99 22	81 28
77 95	88 16	94 25	22 50	55 87	51 07	30 10	70 60	21 86	19 61
17 92	82 80	65 25	58 60	87 71	02 64	18 50	64 65	79 64	81 70
92 47	31 48	75 51	02 17	71 04	33 93	36 60	42 75	07 51	34 87
01 56	63 89	87 43	90 16	91 63	51 72	65 90	44 43	86 59	36 85
99 97	97 78	97 74	20 26	21 10	74 87	88 03	38 33	83 73	52 25
26 54	65 50	98 81	10 60	01 21	57 10	28 75	21 82	08 59	52 18
49 44	29 36	51 26	40 18	52 64	60 79	25 53	29 00	41 27	32 71
66 75	79 89	55 92	37 59	34 31	00 47	37 59	08 56	23 81	22 42
11 26	63 45	45 76	50 59	77 46	86 13	15 37	89 81	38 30	78 68
17 87	23 91	42 45	56 18	01 46	33 84	97 83	59 04	40 20	35 86
62 56	13 03	65 03	40 81	47 54	61 87	04 16	57 07	46 80	86 12
62 79	63 07	79 35	49 77	05 01	43 89	86 59	23 25	07 88	61 29
43 20	45 58	24 45	44 36	92 65	72 63	17 63	14 47	25 20	63 47
34 66	82 69	99 26	74 29	75 16	89 13	29 61	82 07	00 98	64 32
93 13	74 89	24 64	24 75	92 84	03 17	68 86	63 08	01 82	25 46
51 79	80 81	33 61	01 09	77 30	98 08	39 73	49 20	77 54	50 91
30 10	50 81	33 00	99 79	19 70	78 49	19 76	53 91	50 08	07 86

13.2 Das griechische Alphabet

A	α	Alpha	N	ν	Ny
B	β	Beta	Ξ	ξ	Xi
Γ	γ	Gamma	O	o	Omikron
Δ	δ	Delta	Π	π	Pi
E	ε	Epsilon	P	ρ	Rho
Z	ζ	Zeta	Σ	σ	Sigma
H	η	Eta	T	τ	Tau
Θ	ϑ	Theta	Y	υ	Ypsilon
I	ι	Jota	Φ	φ	Phi
K	κ	Kappa	X	χ	Chi
Λ	λ	Lambda	Ψ	ψ	Psi
M	μ	My	Ω	ω	Omega

13.3 Lösung der Übungsaufgaben

13.3.1 Lösung der Übungsaufgaben des Abschnitts 6.7

Aufgabe 1:
Schnelltest nach David
Standardabweichung $s_x = 2,788$
Spannweite $R = 28-18 = 10$
Prüfwert $PW = 3,59$
$N = 22$
Tabellenwert $(P = 90\%)$
 untere Grenze ca. 3,3
 obere Grenze ca. 4,4
Diagnose: Normalverteilung kann akzeptiert werden.

Aufgabe 2:
Die Normalverteilung kann nach David akzeptiert werden.

Die Sortierung der Daten nach der Größe ergibt:

11,3   11,8   12,4   15,5   13,4   13,9   13,9   14,3   16,4

Es wird auf die ausreißerverdächtigten Werte 11,3 und 16,4 geprüft.

A. Untersuchung nach Nalimov:

größter Wert: Prüfgröße $PG = 2,117$
kleinster Wert: Prüfgröße $PG = 1,389$
Tabellenwert ($P = 95\%$, $f = 7$)   1,885
Diagnose: größter Wert ist nach Nalimov ein Ausreißer; er muß eliminiert werden.

Der größte Wert 16,4 wird entfernt, der jetzt größte Wert ist 15,5. Die neue Prüfgröße PG beträgt 1,678, der Tabellenwert ($P = 95\%$, $f = 6$) nach Nalimov beträgt 1,870.
Diagnose: Der größte Wert (15,5) ist nach Nalimov kein Ausreißer. Die Reihe ist ausreißerfrei.

B. Untersuchung nach Dixon

Für 16,4 („oben") wird die Prüfgröße $PG = 0,457$, für 11,3 („unten") wird die Prüfgröße $PG = 0,167$ berechnet. Der Tabellenwert nach Dixon ist ($N = 9$, $P = 95\%$) 0,512.
Diagnose: Nach Dixon kann kein Ausreißer nachgewiesen werden.

C. Untersuchung nach Grubbs

Für den größten Wert (16,4) wird nach Grubbs die Prüfgröße $PG = 1,996$, für den kleinsten Wert (11,3) wird die Prüfgröße $PG = 1,309$ berechnet. Der Tabellenwert nach Grubbs ($N = 9$, $P = 95\%$) beträgt 2,110.
Diagnose: Nach Grubbs kann *kein* Ausreißer nachgewiesen werden.

Aufgabe 3:

Nach dem David-Test kann von normalverteilten Werten ausgegangen werden. Beide Prüfgrößen $PG_1 = 3,10$ und $PG_2 = 2,50$ sind im Intervall. Es kann von normalverteilten Werten ausgegangen werden.

Nach Grubbs wurden beide Datenreihen auf Ausreißer mit dem Ergebnis überprüft, daß beide Reihen ausreißerfrei sind.

Die notwendigen statistischen Größen wurden berechnet mit:

	Methode 1	Methode 2
Mittelwert	120,3	124,9
Standardabweichung s	3,42	4,73

A. Varianzen-F-Test

Der berechnete F-Wert beträgt 1,91. Die Freiheitsgrade f_1 und f_2 betragen beide 6. Der Tabellenwert mit $P = 99\%$ und $f_1 = f_2 = 6$ beträgt 8,47. Eine Varianzeninhomogenität ist nicht nachzuweisen.

B. Mittelwert-t-Test

Prüfgröße $PG = 2{,}10$. Der Freiheitsgrad berechnet sich mit $f = 7 + 7 - 2 = 12$. Der Tabellenwert mit $P = 99\%$ beträgt 3,055. Damit sind keine Mittelwertunterschiede zwischen den beiden Zahlenreihen nachzuweisen. Die beiden Reihen können vereinigt werden.

Aufgabe 4

Der Δ^2-Wert nach Neumann beträgt 0,0541, die Varianz s^2 0,0673. Daraus errechnet sich eine Prüfgröße von $PG = 0{,}804$. Die Vergleichsgröße nach der Tabelle beträgt ($P = 99\%$) 0,9979. Damit weist die Reihe mit $P = 99\%$ einen signifikanten Trend auf.

13.3.2 Lösung der Übungsaufgaben des Abschnitts 7.9

Folgende statistische Größen können berechnet werden:

a) *Lineare Regression*

Bereichsmitte	$\bar{x} = 0{,}55$
Bereichsmitte	$\bar{y} = 65\,705{,}6$
Quadratsumme	$Q_{xx} = 0{,}825$
Steigung	$m = 116\,888{,}7$
Empfindlichkeit	$E = 116\,888{,}7$
Ordinatenabschnitt	$b = 1416{,}8$
Reststandardabweichung	$s_y = 1067{,}35676$
Verfahrensstandardabweichung	$s_{x0} = 0{,}00913139$
rel. Verfahrensstandardabweichung	$V_{x0} = 1{,}660\%$
Korrelationskoeffizient	$r = 0{,}99959$

b) *Quadratische Regression*

Quadratischer Parameter	$n = -8903{,}41$
Steigung	$m = 126\,682{,}5$
Ordinatenabschnitt	$b = -541{,}95$
Empfindlichkeit	$E = 116\,888{,}7$
Reststandardabweichung	$s_y = 839{,}09$
Verfahrensstandardabweichung	$s_{x0} = 0{,}007178$
rel. Verfahrensstandardabweichung	$V_{x0} = 1{,}305\%$

c) Test nach Mandel

Prüfgröße $PG = 5,95$
Tabellenwert ($P = 99\%$, $f_1 = 1$, $f_2 = 7$)   12,25
Diagnose: Quadratische Anpassung liefert *keine* signifikant besseren Werte als lineare Anpassung

d) Ausreißertest nach Huber

Es wird auf den größten Wert ($x = 1,0$) geprüft, der Wert entfernt sich optisch am stärksten von der Gerade. Das Prognoseband erstreckt sich mit $P = 95\%$ und $f = 8$ in y-Richtung von $118\,305,52 \pm 2866,74$, was den y-Wert des Punktes ($116\,567$) mit einschließt. Der Wert ist *nicht* als Ausreißer anzuerkennen.

e) Probenauswertung

Mit einer Probenpeakfläche von $76\,341$ Counts berechnet sich eine Glycolkonzentration von $\hat{x} = 0,641$ ppm.
Der Vertrauensbereich *VB* wird mit $0,641 \pm 0,0221$ ppm berechnet ($P = 95\%$).

13.3.3 Lösung der Übungsaufgabe des Abschnitts 8.5

Daten der linearen Regression:

Bereichsmitte	$\bar{x} = 0,55$
Bereichsmitte	$\bar{y} = 65\,705,6$
Quadratsumme	$Q_{xx} = 0,825$
Steigung	$m = 116\,888,727$
Empfindlichkeit	$E = 116\,888,727$
Ordinatenabschnitt	$b = 1416,8$
Reststandardabweichung	$s_y = 1067,35676$
Verfahrensstandardabweichung	$s_{x0} = 0,00913139$
rel. Verfahrensstandardabweichung	$V_{x0} = 1,660\%$
Korrelationskoeffizient	$r = 0,99959$

Die Nachweisgrenze nach DIN 32645 mit $P = 95\%$ ist $x_{NG} = 0,0206$ ppm. Der Faktor zwischen der Nachweisgrenze und der größten Konzentration beträgt $1,0/0,0206 = 48,5$ und ist damit deutlich größer als 15.

Von Varianzenhomogenität ist *nicht* auszugehen.

Die Erfassungsgrenze beträgt $x_{EG} = 0,0411$ ppm ($P = 95\%$) und die Bestimmungsgrenze $x_{BG} = 0,0698$ ppm mit $k = 3$. Die berechneten Werte sind jedoch *nicht* zulässig.

13.3.4 Lösung der Übungsaufgabe des Abschnitts 9.4

Statistische Daten der Originalkalibrierung sind:

Bereichsmitte	$\bar{x} = 0,55$
Bereichsmitte	$\bar{y} = 65\,705,6$
Quadratsumme	$Q_{xx} = 0,825$
Steigung	$m_1 = 116\,888,727$
Empfindlichkeit	$E_1 = 116\,888,727$
Ordinatenabschnitt	$b_1 = 1416,8$
Reststandardabweichung	$s_{y1} = 1067,356$
Verfahrensstandardabweichung	$s_{x01} = 0,00913139$
rel. Verfahrensstandardabweichung	$V_{x01} = 1,660\%$
Korrelationskoeffizient	$r_1 = 0,99959$

Der Gehalt an Glycol kann bei einer Peakfläche von 70 341 Counts mit Hilfe der Kalibrierfunktion mit $\hat{x} = 0,5897$ ppm abgeschätzt werden. Die zusätzlichen Aufstockkonzentrationen werden mit 0,25, 0,50, 0,75 und 1 ppm festgelegt.

Die statistischen Daten der Aufstockungskalibrierung sind:

Bereichsmitte	$\bar{x} = 1,05$
Bereichsmitte	$\bar{y} = 12\,8887,2$
Steigung	$m_2 = 117\,044,8$
Empfindlichkeit	$E_2 = 117\,044,8$
Ordinatenabschnitt	$b_2 = 70\,359$
Reststandardabweichung	$s_{y2} = 216,988$
Verfahrensstandardabweichung	$s_{x02} = 0,00185$
rel. Verfahrensstandardabweichung	$V_{x02} = 0,3774$
Korrelationskoeffizient	$r_2 = 0,99999$

Die Reststandardabweichungen sind $s_{y1} = 1067,35676$ und $s_{y2} = 216,988$. Der F-Wert berechnet sich aus $1067,35676^2/216,988^2 = 24,2$. Der F-Tabellenwert mit $f_1 = 8$, $f_2 = 3$, $P = 99\%$ beträgt 27,49. Eine Varianzhomogenität ist *nicht* nachzuweisen.

Vergleicht man die Steigungen der beiden Kalibrierkurven mit dem Mittel-wert-*t*-Test, ergeben sich folgende Daten:

$$m_1 = 116\,888{,}7,\ N=10,\ s_{y1}=1067{,}356$$
$$m_2 = 117\,044{,}8,\ N=5,\ s_{y2}=216{,}988$$

Es wird ein s_D berechnet mit:

$$s_D = \sqrt{\frac{1067{,}356^2 \cdot 9 + 216{,}988^2 \cdot 4}{10+5-2}} = 896{,}213$$

Die Prüfgröße *PG* berechnet sich mit

$$PG = \frac{|116888{,}7 - 117044{,}8|}{896{,}213} \cdot \sqrt{\frac{10 \cdot 5}{10+5}} = \underline{0{,}318}$$

Der Tabellenwert nach der *t*-Tabelle mit $P=95\%$, $f=13$ ist 2,160. Damit ist ein signifikanter Unterschied in den Steigungen nicht nachzuweisen. Ein proportio-nal-systematischer Fehler durch Matrixeinflüsse ist unwahrscheinlich.

13.3.5 Lösung der Übungsaufgabe des Abschnitts 10.5

Der „Mittelwert aller Mittelwerte" über alle Laboratorien beträgt 1018,296, die Anzahl der Laboratorien $k=10$ und die Anzahl der Proben pro Laboratorium $N_j=6$. Daraus berechnet sich eine Wiederholstandardabweichung s_r von 23,015 mg/L und eine Wiederholbarkeit von $r_{95\%}=63{,}442$ mg/L.

Der w-Wert zur Berechnung der Vergleichsstandardabweichung wird mit $w=6$ berechnet, die Summe $\Sigma(N-1) \cdot s_j^2$ beträgt 12697,7. Daraus ergibt sich eine Vergleichsstandardabweichung s_R von 26,010 mg/L und eine Vergleichbar-keit von $R_{95\%}=72{,}82$ mg/L.

Die Differenz der Meßergebnisse zwischen Kunde und Lieferant beträgt 61,2 mg/L. Auf Basis des Ringversuches ist die Meßdifferenz geringer als die Vergleichbarkeit, daher besteht aus analytischer Sicht kein Reklamationsgrund.

13.4 Verwendete und empfohlene Literatur

[1] Funk W., Dammann V., Donneveert G. (1991) Qualitätssicherung in der Analytischen Chemie. VCH, Weinheim
[2] Kromidas S. (1999) Validierung in der Analytik. VCH, Weinheim
[3] Funk W., Dammann V., Vonderheid C., Oehlmann G. (1987) Statistische Methoden in der Wasseranalytik. VCH, Weinheim
[4] Ehrenberg A.S.C. (1986) Statistik oder der Umgang mit Daten. VCH, Weinheim
[5] DIN 55302 (1981) Beuth, Berlin
[6] Werner J. (1984) Medizinische Statistik. München
[7] Gottwald W. (1993) RP-HPLC für Anwender. VCH, Weinheim
[8] Sachs L. (1987) Angewandte Statistik. Springer, Berlin
[9] Doerffel K. (1987) Statistik in der analytischen Chemie. VCH, Weinheim
[10] David H.A., Hartley H.O., Pearson E.S. (1954) *Biometrika 41*:482–493
[11] DIN 53804 (1986) Beuth, Berlin
[12] Dixon J. (1950) Analysis of extreme values. *Ann. Math. Statist. 21*:488–506
[13] Grubbs F.E., Beck G. (1972) *Technometrics 14*:847–854
[14] Kaiser R., Gottschalk W. (1984) Elementare Tests zur Beurteilung von Meßdaten. Biographisches Institut, Mannheim
[15] Neumann J., Hardt B.I. (1942) Significance levels for the ration of the mean square successive difference to the variance. *Ann. Math. Statist. 13*:445–447
[16] Mandel J. (1964) The statistical analyses of experimental data. Interscience Publ. J. Wiley & Sons, New York
[17] DIN 32645 (1994) Beuth, Berlin
[18] DIN 32634 (1994) Beuth, Berlin
[19] Görlitz G. (1995) in: Kromidas S. (Hrsg.) Qualität im analytischen Labor. VCH, Weinheim
[20] Stieglitz A. (1997) in: Gottwald W., Puff W., Stieglitz A. (Hrsg.) Physikalische Chemie. VCH, Weinheim
[21] Doerffel K., Eckenschlager K. (1981) Optimale Strategien in der analytischen Chemie. Harry Deutsch, Thun
[22] DIN 55350 (1987) Begriffe aus der Qualitätssicherung. Beuth, Berlin
[23] Auszug nach Maurice, M., Buljs, K. (1969) *Analyt. Chem. 244*:18

13.5   Beispiele käuflicher Softwarepakete

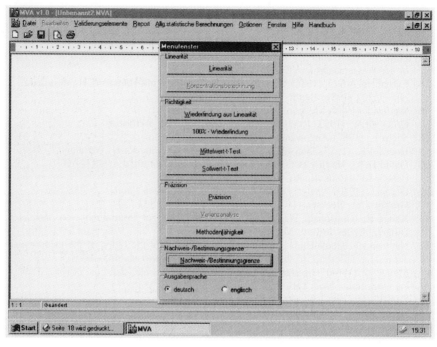

Abb. 13.1. Hauptmenü MVA® (NOVIA GmbH, Saarbrücken)

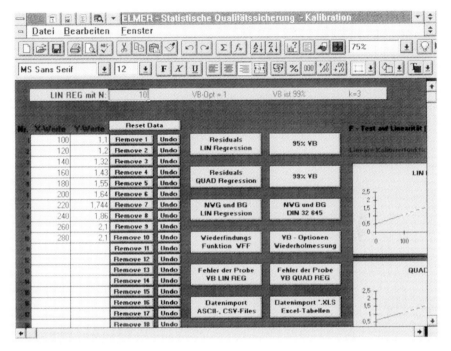

Abb. 13.2 Hauptmenü SQS® (PERKIN-ELMER, Überlingen)

Sachwortregister

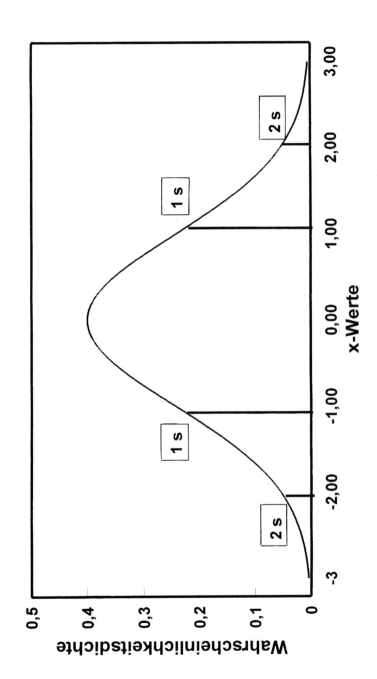